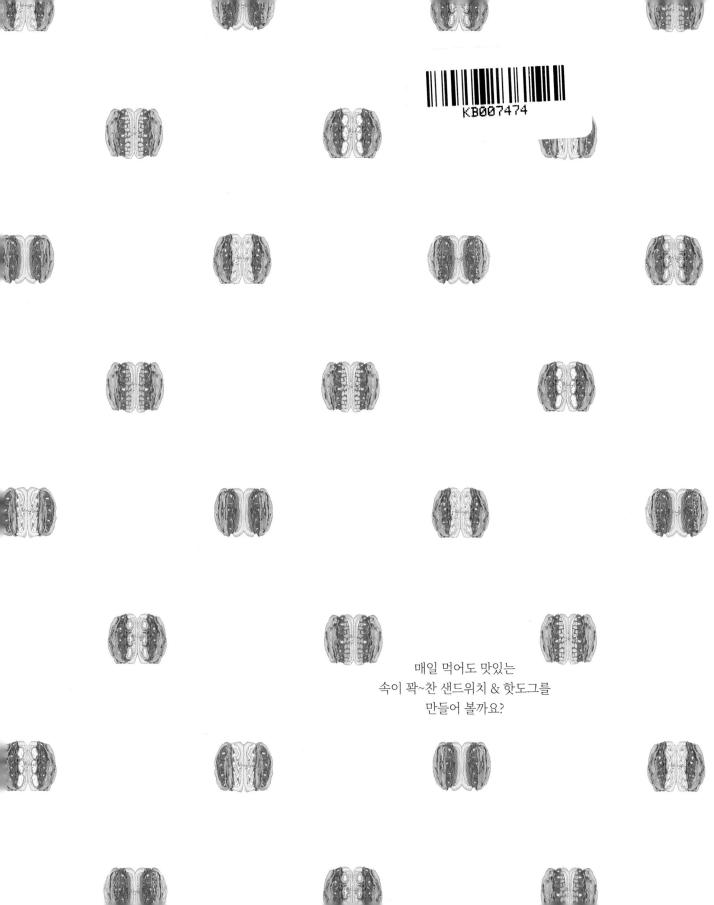

매일 먹어도 맛있는
속이 꽉~찬 샌드위치 & 핫도그를
만들어 볼까요?

맛있는 요리를 만드는 레시피가 있는 것처럼 웃음, 힐링, 성장을 만드는 레시피도 있을까요?
레시피팩토리는 모호함으로 가득한 이 세상에서 당신의 작은 행복을 위한 간결한 레시피가 되겠습니다.

매일 만들어 먹고 싶은

식빵
샌드위치

토핑
핫도그

Prologue

20대 초반, 의욕과 열정으로 카페 운영을 시작하였습니다. 그 당시는 어리기도 했고, 누구나 꿈꾸는 카페 주인이 된다는 사실에 들뜬 마음으로 겁 없이 시작했죠. 프랜차이즈 매장이라 부담은 적었으나, 카페를 운영한다는 것은 생각보다 쉽지만은 않았습니다. 상가와 관련된 문제, 상권의 이해, 유행하는 메뉴 등 생각지도 못한 어려움도 있었답니다. 결국 카페 오픈 3년 만에 쓰디쓴 실패를 맛보며 첫 번째 매장 문을 닫게 되었습니다. 그러면서 다시 카페를 하게 되면 꼭 나만의 메뉴를 만들어 인기 있는 카페를 만들겠다는 다짐을 하게 되었습니다. 또다시 기회가 찾아와 두 번째 카페를 오픈하게 되었습니다. 이번에는 프랜차이즈 매장이 아닌, 나만의 카페를 오픈했습니다. 인테리어, 작은 소품 하나까지 신경 쓰며 매장을 가꾸었죠. 그리고 정말 진심을 다해, 최선을 다해 메뉴 개발에 힘썼습니다. 그래서 탄생한 것이 바로 채소를 듬뿍 넣은 식빵 샌드위치였습니다. 일반 샌드위치보다 채소를 2배 정도 더 넣어 속을 꽉 채워 일명 '뚱 샌드위치'라 불리는 샌드위치를 개발하게 되었습니다. 결과는 대성공이었죠. 샌드위치는 점점 입소문을 타며 인기를 얻게 되었고, 제 매장을 중심으로 상권이 형성될 정도로 인기가 많았습니다. 정말 뿌듯했어요. 샌드위치에 담은 제 진심이 전해진 것 같았지요.

"작은 조각들을 이리저리 조립하여
멋진 결과물을 만들어 내는
블록 장난감처럼 건강한 맛과
예쁜 비주얼을 갖춘 알찬 샌드위치와
꽉 찬 핫도그를 만들고 싶었습니다."

제가 샌드위치를 개발하며 가장 신경 썼던 부분은 만드는 사람 입장에서 쉽게 만들 수 있고, 먹는 사람 입장에서는 눈이 즐겁고 입이 행복한 건강하고 든든한 맛! 이었습니다. 샌드위치에 가장 딱 맞는 식빵, 식감을 잘 살리는 채소, 어떤 재료와도 잘 어울리는 스프레드 등 하나하나 바꿔가며 메뉴 개발을 했습니다. 그래서 모든 요소를 균형감 있게 조합해가며 색감과 디자인까지 고려한 '아리미 샌드위치'가 탄생하게 되었죠. 카페를 성공시킨 후 주위에서 샌드위치를 배우고 싶다는 요청을 많이 받았습니다. 심지어는 저 몰래 메뉴를 따라 하며 판매하는 매장들도 생기게 되었죠. 그런 일들이 계속되자, '내가 직접 만든 샌드위치를 내가 알려야겠구나' 라는 생각이 들었습니다. 이후 창업반 클래스를 시작하며 샌드위치뿐만 아니라 핫도그, 음료, 샐러드 등 다양한 카페 메뉴들을 개발해 전파하게 되었지요. 종종 들려오는 카페 사장님들의 후기 중, 저에게 배운 샌드위치로 성공했다는 이야기를 들을 때 가장 보람을 느끼고 있어요.

이 책에 소개한 식빵 샌드위치와 토핑 핫도그는 카페에서 먹는 맛이지만 집에서 누가 만들 어도 쉽고 비슷한 맛을 낼 수 있도록 간단하게 변형한 것입니다. 샌드위치의 가장 중요한 요 소인 식빵, 채소, 스프레드는 모두 동일하게 사용하되 속재료를 취향껏 바꿔 매일 먹어도 질리지 않도록 한 샌드위치 40여 개, 다양한 속재료와 토핑의 조합으로 누구라도 간편하게 만들 수 있는 토핑 핫도그 10개를 소개합니다. 재료를 넉넉히 준비해 냉장 보관했다가 조립만 하면 되도록 만들었으니 가벼운 아침으로, 간단한 점심으로, 든든한 간식으로 매일매일 즐겨보세요.

매일 집에서 다양한 식사를 준비해야 하는 분들에게, 집에서도 매일 쉽게 만들어 먹을 수 있는 샌드위치와 핫도그를 담은 이 책이 조금이나마 힘이 되면 좋겠습니다.
여러분의 건강과 디저트 사랑을 응원합니다.

───────────────────────── 아리미디저트 대표 신아림

Contents

고기가 듬뿍 들어가 포만감이 좋은
고기 듬뿍 샌드위치

식감과 풍미를 더욱 다양하게 즐기는
해산물 듬뿍 샌드위치

부담감 없이 채소를 가득 채운
채소 듬뿍 샌드위치

다채로운 맛과 식감!
토핑 핫도그

Plus recipe
샌드위치 & 핫도그를 만들고 남은 재료를 활용한
사이드 메뉴

Index

Basic guide

매일 만들어 먹어도 질리지 않는
맛있는 식빵 샌드위치와
토핑 핫도그를 소개하기 전에,
알아두면 좋은
기본 내용을 소개해요.

식빵 샌드위치와 토핑 핫도그의
기본 재료와
포장하기, 활용 도구까지
미리 준비해보세요.

식빵 샌드위치
세 가지 기본 재료 14쪽

1

속재료를 든든히 감싸주는
식빵

2

샌드위치에 감칠맛을 더하는
스프레드

3

아삭한 식감과 수분감을 주는
채소

토핑 핫도그
세 가지 기본 재료 22쪽

1

부드럽게 맛의 밸런스를 돕는
핫도그빵

2

상큼함으로 느끼함을 잡아주는
소스

3

핫도그의 중심, 육즙 가득한
소시지

식빵 샌드위치의
세 가지 기본 재료

1. 식빵

가장 기본이 되는 재료는 바로 식빵이죠. 샌드위치에 어울리는 식빵 고르기부터
굽는 법, 보관하는 방법을 소개합니다.

고르기

샌드위치용 식빵은 속재료를 잘 감싸줄 수 있어야 한다. 그래서 너무 부드럽거나, 기공이 많고,
수분 함량이 많은 식빵은 적합하지 않다. 너무 얇은 식빵은 쉽게 축축해지고, 두꺼운 식빵은
속재료의 맛을 느끼기 힘드니 1~1.5cm 정도의 두께가 적당하다. 요즘은 베이커리나 식빵 제품 중
샌드위치용으로 표기된 것들이 있으니 그런 제품을 구입하면 좋다. 주재료의 맛이 강하다면
일반 식빵을, 채소가 들어가거나 주재료의 맛이 담백하다면 곡물 식빵을 사용하면 잘 어울린다.

굽기

식빵을 구워서 사용하면 식빵에 탄력이 생겨 잘 찢어지지 않는다.
단, 바삭하게 구우면 부서질 수 있으니 수분을 없앨 정도로만 약간 굽는 것이 좋다.

1 토스터로 굽기
토스터에 식빵을 넣어
1분~1분 30초 정도 겉면에
색이 나지 않고, 약간
단단해질 정도로 굽는다.

2 팬으로 굽기
달군 팬에 식빵을 올려
중간 불에서 앞뒤로 30초씩
굽는다.

3 오븐으로 굽기
170℃로 예열한 오븐에 넣어
1분 정도 굽는다.

식히기

따뜻한 식빵을 바로 사용할 경우 샌드위치가
축축해질 수 있다. 식힘망에 올려 한김 식힌 후 사용한다.
식힘망이 없다면 식빵끼리 서로 기대어 세워 식힌다.

보관하기

식빵은 구매하자마자 사용할 만큼만 남겨두고
냉동 보관하면 좀 더 오래 두고 먹을 수 있다.
2장씩 랩에 감싼 후 지퍼백에 넣어 냉동 보관한다.
냉동한 식빵은 사용하기 2~3시간 전에 실온에 두어
천천히 해동하면 처음 식감으로 즐길 수 있다.

2. 스프레드

스프레드는 식빵의 맛에 큰 영향을 주는 요소죠. 매번 다른 스프레드를 활용해
샌드위치를 만들어도 좋지만 매일 만들어 먹어도 질리지 않고, 다양한 속재료에 고루 잘 어울리는
기본 스프레드를 소개할게요. 넉넉히 만들어두면 간편하게 식빵 샌드위치를 매일 즐길 수 있어요.
참, 기본 스프레드 외에도 알아두면 입체적인 맛을 내는데 도움을 주는 소스도 함께 소개합니다.
다양하게 활용해보세요!

응용하기
매콤하게 즐기고 싶다면
청양고추를 잘게 다져서 넣고
섞어서 만들어요.

좀 더 달콤하게 즐기고 싶다면
올리고당이나 꿀을 더해서
만들어요.

기본 스프레드 약 10회분(180g)

속재료의 간에 따라 식빵 한 장의 한쪽 면에, 또는 두 장의 한쪽 면에 1큰술씩 발라 샌드위치를
만든다. 남은 스프레드는 밀폐용기에 담아 냉장실에서 1주간 보관 가능하다.

마요네즈   허니 머스터드   올리고당   홀그레인   떠먹는 플레인 요거트
5큰술   5작은술   2와 1/2작은술   머스터드 5작은술   2와 1/2작은술

샌드위치에 입체적인 맛을 더해줄 홈메이드 소스

바질 페스토

향긋한 바질향 가득한 소스. 스프레드로
활용하거나 샌드위치에 뿌려 먹는다.
* 활용 레시피 49, 96, 98, 106, 107쪽

바질잎 7줌 + 올리브유 10큰술
+ 파마산 치즈가루 3큰술 + 잣 3큰술
+ 다진 마늘 1작은술 + 소금 약간
→ 믹서에 모든 재료를 넣고 곱게 간다.

칠리 소스

매콤 달콤한 소스로
튀김 재료와 잘 어울린다.
* 활용 레시피 32, 82, 100쪽

스위트 칠리소스 2/3큰술
+ 토마토케첩 1/2작은술

핫치킨 소스

알싸한 매운맛이 특징인 소스.
재료와 함께 버무려 사용한다.
* 활용 레시피 36, 122쪽

토마토 페이스트 3/4큰술
(또는 토마토 으깬 것)
+ 스리라차 1큰술
+ 올리고당 1작은술

타르타르 소스

해산물 재료와 잘 어울리는 소스.
새콤한 맛으로 느끼함을 잡아준다.
* 활용 레시피 80쪽

다진 양파 2작은술 + 다진 피클 2작은술
+ 떠먹는 플레인 요거트 1큰술
+ 마요네즈 1큰술 + 레몬즙 1/2작은술
+ 올리고당 1작은술 + 후춧가루 약간

커리 소스

이국적인 풍미를 더하는 소스.
재료와 함께 버무려 익힌 후 사용한다.
* 활용 레시피 43쪽

커리가루 1과 1/3큰술
+ 따뜻한 물 1큰술
+ 올리고당 1작은술

돈가스 마요 소스

시판 돈가스 소스보다 좀 더 부드럽게 즐기는
소스. 돈가스 외에 다른 튀김과도 잘 어울린다.
* 활용 레시피 56쪽

돈가스 소스 1큰술
+ 마요네즈 1큰술
+ 올리고당 1/2작은술

와사비 소스

톡 쏘는 와사비에 마요네즈를 섞어
부드럽게 즐기는 소스. 해산물과 잘 어울린다.
* 활용 레시피 74쪽

마요네즈 1큰술
+ 올리고당 1작은술
+ 생와사비 1작은술

3. 채소

눈을 사로잡는 알록달록한 색감과 아삭함을 책임지는 채소!
샌드위치를 만들 때마다 매번 다른 채소를 사용해야 하는 번거로움 대신, 주재료의 맛에
가장 영향을 덜 주고 아삭한 식감을 가진 기본 채소들을 소개합니다. 감칠맛과 상큼함을 더하는 토마토,
아삭한 식감을 주는 양상추와 로메인, 식욕을 돋우는 색감의 적양배추입니다.
미리 손질해서 냉장 보관하면 더욱 쉽게 매일 샌드위치를 만들 수 있어요.

적양배추

보라색으로 샌드위치의 비주얼을 높여주는 채소. 아삭한 식감을 더한다.
* 대체 재료 양배추

손질

얇게 썰리는 채칼을 사용해
슬라이스 한다. 채칼이 없다면
최대한 얇게 썬다.

사용

찬물에 담가 씻은 후
키친타월에 올려 물기를
제거한 후 사용한다.

보관

남은 적양배추는 중앙에
있는 심을 제거하고 덩어리째
랩으로 감싸 냉장 보관한다.

토마토

완숙 토마토를 사용한다. 너무 물컹거리지 않고 단단한 토마토를 고른다.
지름 10cm 정도의 크기가 적당하다.

손질

샌드위치 재료에 따라
1, 0.7, 0.4cm 두께로 썰어
사용한다.

사용

밀폐용기에 키친타월을 깔고
슬라이스한 토마토를 올린 후
사이사이 키친타월을 깔아서
토마토의 수분을 제거한 후
사용한다.

보관

꼭지를 제거하고
냉장 보관하면
좀 더 오래 보관 가능하다.

양상추 & 로메인

샌드위치에 수분감을 더하는 채소.
로메인은 초록색 색감을 더하기 위해 사용한 것으로 생략 가능하다.
* 대체 재료 청상추

손질

낱장으로 뜯어 흐르는 물에
씻어 채소탈수기를 이용해
물기를 최대한 제거한다.
또는 키친타월에 올려 꾹꾹
눌러가며 물기를 제거한다.

사용

샌드위치 크기에 맞춰
양상추를 접은 후
손바닥으로 꾹꾹 눌러
모양을 잡는다.

보관

밀폐용기에 젖은 키친타월을
깔고 채소를 올려 냉장
보관한다. 보관할 채소는
물기를 어느정도 남겨서
보관해야 변색, 변질 없이
아삭한 식감을 살릴 수 있다.
3일간 냉장 보관 가능하다.

Tip. 알아두면 좋은
식빵 샌드위치 포장법 ─────────

속재료가 꽉 차게 들어간 식빵 샌드위치! 그대로 먹기란 쉽지 않죠.
유산지를 활용해 깔끔하게 샌드위치를 먹을 수 있는 포장법을 소개합니다.

＊준비물 유산지 33×33cm, 종이 테이프

1 완성된 샌드위치를 유산지 가운데에 올린 후
　테두리 부분을 손으로 힘주어 누른다.
　◎ 식빵에 속재료를 넣을 때부터 유산지 위에
　　두고 하면 모양 잡기가 더 쉽다.

2 샌드위치의 앞뒤 유산지를 팽팽하게 잡아 당겨
　샌드위치를 덮는다.

3 중앙에 테이프로 고정한다.

4 양옆의 유산지를 샌드위치의 크기에 맞춰 손으로 누른다.

5 선물을 포장하듯 옆의 유산지를
  꼭꼭 눌러가며 접는다.

6 접은 유산지를 테이프로 고정한다.

7 나머지 한쪽도 동일하게 테이프로 고정한다.

8 빵칼을 이용해 중앙을 자른다. 이때, 접은 부분과 반대
  방향으로 썰어야 속모양이 예쁜 샌드위치를 만들 수 있다.

토핑 핫도그의
세 가지 기본 재료

1. 핫도그빵

핫도그빵은 약간의 단맛이 도는 부드러운 빵입니다. 대형마트나 온라인 쇼핑몰에서도 쉽게 구할 수 있어요.
낱개보다는 10개 이상 묶음으로 판매하니, 냉동 보관해 사용하면 좋습니다.

고르기

핫도그빵은 깨가 박힌
것과 없는 것이 있으니
고소한 맛을 원하면
깨가 박힌 것, 깔끔한
맛을 원하면 없는 것으로
고른다. 소시지와 잘
조화가 될 수 있도록
사이즈를 보고 비슷한
길이의 빵을 선택한다.

칼집 내기

빵칼을 이용해 중앙에 길게
칼집을 낸다. 너무 깊게 넣으면
빵이 2등분으로 분리될 수
있으니 1cm 정도 남겨둔다.

데우기

데우지 않고 사용하면
빵에 칼집을 넣고 벌렸을 때
뜯어질 수 있으니 살짝 데워
사용한다. 내열접시에 핫도그
빵을 올려 전자레인지(700W)에
넣고 10~15초간 익힌다.

보관하기

남은 핫도그빵은 랩으로
감싸 냉동 보관한다.
사용하기 4시간 전에 실온에
꺼내서 해동한 후 사용한다.

2. 소스

다양한 토핑과 두루두루 잘 어울리는 핫도그 소스를 알려드려요.
상큼함을 더하는 피클 소스와 은은한 단맛을 더한 마요 소스입니다.
소스는 밀폐용기에 담아 냉장실에서 1주간 보관 가능해요.

피클 소스 약 10회분(120g) ────────

다진 피클로 만든 상큼한 소스로
소시지의 느끼함을 잡아준다.

잘게 다진 피클 80g

올리고당 40g

||

마요 소스 약 10회분(60g) ────────

핫도그빵을 코팅하는 역할을 하며
은은한 단맛을 내 감칠맛을 더한다.

마요네즈 30g

올리고당 30g

||

3. 소시지

팡팡 터지는 육즙으로 핫도그의 맛을 좌우하는 소시지.
요즘은 다양한 고기로 만든 소시지가 나오고 있죠.
기본은 돼지고기로 만든 소시지를 사용하는 것이지만 기호에 따라, 취향껏 선택해도 좋아요.

고르기

국내산 돼지고기 90% 이상으로 만든, 본연의 구수한 풍미와 촉촉한 육즙이 느껴지는 소시지를
고른다. 칼집이 난 소시지를 사용하면 따로 칼집을 낼 필요가 없어 더욱 간편하다.

아리미쌤 추천 소시지
청정원 리치부어스트 칼집 프랑크

칼집내기

소시지에 사선으로
1cm 간격으로 칼집을 낸다.

보관하기

남은 소시지는 랩으로 감싼 후 지퍼백에 넣어
냉장 보관 또는 냉동 보관한다.
냉장 보관한 경우 3일 내로 사용하고,
냉동 보관한 경우 사용하기 전날 냉장실에 넣어
자연해동한 후 조리한다.

익히기

전자레인지로 익히기

내열접시에 담아
전자레인지(700W)에서 1분간
익힌다.

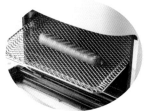

에어프라이어로 익히기

칼집을 좀 더 깊이 넣어
190℃에서 8분간 익힌다.

팬으로 익히기

달군 팬에 식용유를 두르고
중간 불에서 약 1분간 익힌다.

냄비로 익히기

끓는 물에 소시지를 넣어
중간 불에서 약 1분간 데친다.

샌드위치 & 핫도그 만들기를 더 쉽게 도와주는
도구

꼭 필요하지는 않지만 갖추고 있으면 샌드위치와 핫도그 만들기가
2배로 쉬워지는 도구들을 소개합니다. 샌드위치, 핫도그를 만들 때뿐만 아니라
다양한 요리에도 활용할 수 있으니 구매해두면 요리가 편해질 거예요.

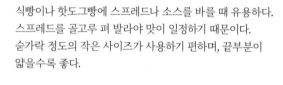

실리콘 주걱

식빵이나 핫도그빵에 스프레드나 소스를 바를 때 유용하다.
스프레드를 골고루 펴 발라야 맛이 일정하기 때문이다.
숟가락 정도의 작은 사이즈가 사용하기 편하며, 끝부분이
얇을수록 좋다.

채칼

토마토나 적양배추, 양파를 일정한 두께로 썰 수 있다.
일반 칼보다 훨씬 얇게 썰 수 있어 유용하다.
단, 매우 날카롭고 손을 다치기 쉬우니 꼭 보호장치를 사용하거나
위생장갑을 끼고 사용한다.

빵칼

톱니 모양의 칼날 덕분에 식빵이나 핫도그빵을 찢어지지 않게
자를 수 있으며, 연한 과일이나 채소, 토마토 등도 잘 썰 수 있다.
칼날 길이는 너무 길지 않은 20~25cm 정도가 적당하다.

에그 슬라이서

샌드위치나 핫도그에는 삶은 달걀을 종종 사용하는데,
그때 사용하면 유용한 도구이다. 여러개의 가는 스테인리스 절단
줄이 달걀을 일정한 두께로 썰어준다. 일정하게 잘린 달걀을
이용하면 샌드위치나 핫도그의 모양도 예쁘게 만들 수 있다.

채소 탈수기

세척한 양상추나 로메인 같은 샐러드 채소의 물기 제거에
효과적인 아이템이다. 통에 넣고 손잡이를 돌리면 원심력을
이용해 물기를 없앤다. 바로 먹을 채소는 물기를 완전히
없애는 것이 좋고, 냉장 보관할 채소는 물기를
어느 정도 남겨두는 것이 좋다.

소스통

토마토케첩, 마요네즈, 머스터드 등을 가늘고 골고루 뿌릴 때
유용하다. 앞부분이 좁을수록 나오는 소스는 가늘게 나온다.
기호에 맞게 앞부분을 가위로 잘라 구멍의 크기를
조절할 수 있다. 너무 묽은 소스보다는 마요네즈 정도 농도의
소스를 사용하면 편리하다.

유산지와 종이 테이프

샌드위치나 핫도그를 포장할 때 필요하다. 유산지는 조금 두꺼운
것을 이용해야 단단하게 고정할 수 있다. 일반 테이프보다
무늬와 컬러가 들어간 종이 테이프를 이용하면 포장도 예쁘게
꾸밀 수 있어 좋다. 식빵 샌드위치는 33×33cm 크기의 유산지를
사용하면 딱 맞게 포장할 수 있다.

일회용 포장 용기

샌드위치나 핫도그를 도시락으로 이용하고 싶을 때는
일회용 포장 용기에 넣어가면 편하다. 스티커나 스탬프로
나만의 포장 용기로 꾸며도 좋다. 다양한 일회용 포장 용기는
새로포장(www.saeropnl.com)에서 구입할 수 있다.

이런 것이 궁금해요!

카페 메뉴 컨설팅 전문가인 저자가 샌드위치와 핫도그에 대한 궁금증을 해결해드립니다.

Q 따뜻하게 먹고 싶은데 가능할까요?

A 가능합니다. 샌드위치를 만들 때 양상추, 적양배추의 양을 조금 줄인 상태로 만들어요.
유산지로 포장하지 않은 채 달군 그릴에 올려 파니니를 만드는 것과 같이
샌드위치를 구우면 됩니다. 샌드위치 겉의 빵은 바삭하게 만들어지고, 속재료까지
따뜻하게 되어 맛있게 먹을 수 있죠. 채소가 많이 들어간 샌드위치보다는 치킨 텐더, 닭가슴살,
돈가스 등 따뜻하게 먹으면 더 맛있는 속재료를 넣어 따뜻한 샌드위치를 즐기면 좋아요.
또 당일 먹지 못한 샌드위치를 냉장 보관 후 다음날 먹을 때 전자레인지에 1~2분가량 익혀
먹어도 좋아요.

Q 도시락으로 싸고 싶은데 빵이 눅눅하지 않게 하는 방법이 있을까요?

A 최대한 속재료의 물기를 제거해 주세요. 도시락으로 만들어서 좀 더 오랜 시간 동안 두고
먹어야 하는 경우에는 수분이 많이 나오는 토마토나 양상추, 스프레드의 양을 줄여서
만든다면 식빵이 눅눅해지는 것을 보완할 수 있습니다. 또 일반 식빵보다는 곡물 식빵을
사용하면 눅눅함이 덜 합니다.

Q 아이들용으로 속재료를 좀 줄여서 만들고 싶은데 가능할까요?

A 가능합니다. 속재료를 줄일 때는 아이들의 취향과 기호에 따라 채소 양과 재료를 조금
변경하면서 스프레드의 양을 비율에 맞춰서 함께 줄이면 됩니다. 식빵 한 장에 재료들을
모두 줄여 넣어 김밥처럼 말아서 포장하면 한입에 쏙 들어오는 아담한 사이즈로
색다르게 즐길 수 있습니다. 핫도그의 경우는 소시지를 길게 2등분해 가늘게 만들고
토핑도 줄이면 아이들도 한입에 먹기 편해요.

Q 식빵 말고 다른 빵으로 변경해도 되나요?
핫도그 빵도 다른 것으로 변경되나요?

A 다양한 빵으로 변경해 즐길 수 있습니다. 핫도그빵이나 모닝빵, 치아바타 등의 다른 빵으로도
활용해보세요. 단, 사용하는 빵의 특성에 따라 속재료의 양을 조절할 필요는 있습니다.
식빵보다 두꺼운 빵을 사용할 경우, 스프레드를 좀 더 넉넉히 바르는 것이 좋고, 반대로 빵이
작거나 얇다면 스프레드의 양을 줄이고 속재료도 줄이는 것이 좋아요.

Q 샌드위치에 사용하는 슬라이스 치즈를 추천해 주세요.

A 요즘은 슬라이스 치즈도 다양한 종류가 나오죠. 제가 주로 사용하는 치즈는 국내 브랜드 체다치즈 슬라이스와 수입 브랜드 스위스 아메리칸 치즈입니다. 두 치즈는 짠맛과 감칠맛이 달라서 같이 사용했을 때 가장 맛있더라고요. 또한 노란색과 하얀색으로 색감도 더할 수 있어요. 요즘은 고다, 모짜렐라도 슬라이스 제품이 있고, 다양한 수입 치즈도 쉽게 구할 수 있으니 취향에 맞게 선택하세요. 단, 수입 치즈는 짠맛이 강하니 먹어 본 후 사용하세요.

Q 샌드위치는 당일 꼭 먹어야 하나요?

A 샌드위치를 만들 때 최대한 재료들의 물기를 제거하려 하지만 그래도 시간이 지나면 채소에서 물이 나오기도 하고 속재료로 넣었던 재료에 버무려지거나 올려진 소스와 식빵에 바른 스프레드가 만나 계속 빵을 적셔 축축한 샌드위치가 된답니다. 그래서 샌드위치는 만들어 바로 먹거나 최대한 빠른 시간 안에 먹는 것을 추천해요. 냉장 보관해 다음날 먹어야 한다면 가능하기는 합니다. 단, 처음과 똑같은 상태는 아니니 먹을때 감안하세요.

Q 샌드위치, 핫도그를 폼 나게 포장하는 팁을 알려주세요.

A 넉넉한 박스에 샌드위치나 핫도그를 넣고 그 옆에 머핀 유산지에 과일을 함께 담으면 맛도 좋고, 보기에도 예쁜 샌드위치, 핫도그 도시락을 완성할 수 있어요. 또한 샌드위치, 핫도그 박스에 종이 뽁뽁이(친환경 종이 완충제)와 다양한 리본, 노끈 등을 활용하여 한 번 더 포장해 주면 감성 충만한 선물이 될 수 있으니 활용해보세요.

고기가 듬뿍 들어가
포만감이 좋은

고기 듬뿍 샌드위치

충분한 단백질과 영양소 섭취가 가능해 건강하고 든든하게 즐길 수 있는 고기 샌드위치입니다.
한 끼 식사로도 손색없이 알차게 채웠어요!

매콤달콤한 치킨의 맛으로 푸짐하게 즐기는 샌드위치

칠리 텐더 샌드위치

[기본 재료 준비하기]

 + +

식빵 굽기
15쪽

기본 스프레드 만들기
16쪽

채소 손질하기
18쪽

[기본 재료 준비하기]

- 구운 식빵 2장
- 기본 스프레드 2큰술
- 토마토 슬라이스 1개(1cm 두께, 60~80g)
- 양상추 + 로메인 약 10장(70g)
- 채 썬 적양배추 약 2장(25g)

[만들기] 1인분 / 20~25분

추가 속재료
- 치킨텐더 3조각(90g)
- 식용유 1/2컵(100㎖)
- 슬라이스 치즈 2장
- 마요네즈 1작은술

칠리 소스
- 스위트 칠리소스 2/3큰술
- 토마토케첩 1/2작은술

1 달군 팬에 식용유를 두르고 치킨텐더를 올려 센 불에서 3분간 앞뒤로 뒤집어가며 바삭하게 튀긴다. 키친타월에 올려 기름기를 뺀다.

2 볼에 칠리 소스 재료를 넣어 골고루 섞는다.

3 구운 식빵의 한쪽 면에 기본 스프레드를 1큰술씩 나눠 바른다.
◎ 기본 스프레드는 기호에 따라 가감한다.

4 유산지 위에 기본 스프레드를 바른 식빵을 올린다. 그 위에 슬라이스 치즈, 치킨텐더를 올린다. 칠리 소스를 치킨텐더에 펴 바르고, 마요네즈를 올려 펴 바른다.
◎ 마요네즈는 끝이 뾰족한 소스통에 담아 뿌리면 골고루 바르기 편하다.

5 채 썬 적양배추, 토마토 슬라이스, 양상추와 로메인을 올린 후 나머지 식빵으로 덮는다. 유산지로 샌드위치를 감싸 2등분한다.
◎ 유산지로 포장하기 20쪽

Tip. 어니언 칠리 텐더 샌드위치로 즐기기

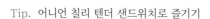

얇게 슬라이스한 양파 약간을 찬물에 잠깐 담갔다가 물기를 없앤 후 마요네즈를 뿌린 치킨텐더 위에 올려 샌드위치를 만들면 시원하고 아삭한 맛을 더한 샌드위치로 즐길 수 있어요.

구운 양파의 달콤함이 샌드위치 안으로

닭가슴살 구운 양파 샌드위치

[기본 재료 준비하기]

- 구운 식빵 2장
- 기본 스프레드 2큰술
- 토마토 슬라이스 1개(1cm 두께, 60~80g)
- 양상추 + 로메인 약 10장(70g)
- 채 썬 적양배추 약 2장(25g)

 + +

| 식빵 굽기 15쪽 | 기본 스프레드 만들기 16쪽 | 채소 손질하기 18쪽 |

[만들기] 1인분 / 20~25분

추가 속재료
- 완조리 닭가슴살 1/3개(40g)
- 슬라이스 치즈 2장
- 양파 1/2개(60g)
- 식용유 1작은술 + 1작은술

1 양파는 0.5cm 두께로 채 썬다.
완조리 닭가슴살은 넓게 2등분한다.
◎ 일반 생 닭가슴살을 사용할 경우, 끓는
물 3컵에 월계수잎, 통후추, 닭가슴살을
넣어 3분간 데친 후 한김 식혀 사용한다.

2 달군 팬에 식용유 1작은술을 두르고
양파를 올려 중강 불에서 30초간
뒤집어가며 굽는다.

3 구운 양파를 덜어두고 다시 식용유
1작은술을 두른 후 닭가슴살을 올려
중강 불에서 30초간 뒤집어가며 굽는다.

4 구운 식빵의 한쪽 면에 기본 스프레드를
1큰술씩 나눠 바른다. 유산지 위에
기본 스프레드를 바른 식빵을 올린다.
그 위에 슬라이스 치즈, 구운 닭가슴살,
구운 양파를 올린다.
◎ 기본 스프레드는 기호에 따라 가감한다.

5 양상추와 로메인, 토마토 슬라이스,
채 썬 적양배추를 올린 후
나머지 식빵으로 덮는다. 유산지로
샌드위치를 감싸 2등분한다.
◎ 유산지로 포장하기 20쪽

Tip. 완조리 닭가슴살 제품 고르기

완조리 닭가슴살은 조리하지 않고
바로 사용할 수 있어 샌드위치 만들 때
사용하면 간편해요. 제품을 고를 때는
인공 첨가물을 넣지 않고 만든 제품을
고르고, 저온으로 조리해 식감이 부드러운
제품을 추천해요.

핫치킨 샌드위치
_레시피 38쪽

데리야키치킨 샌드위치
_ 레시피 39쪽

37

샌드위치도 매울 수 있다. 辛치킨 샌드위치!

핫치킨 샌드위치

[기본 재료 준비하기]

- 구운 식빵 2장
- 기본 스프레드 2큰술
- 토마토 슬라이스 1개(1cm 두께, 60~80g)
- 양상추 + 로메인 약 10장(70g)
- 채 썬 적양배추 약 2장(25g)

식빵 굽기
15쪽

기본 스프레드 만들기
16쪽

채소 손질하기
18쪽

[만들기] 1인분 / 15~20분

추가 속재료

- 완조리 닭가슴살 약 1/2개(60g)
- 슬라이스 치즈 2장
- 마요네즈 1작은술(10g)

핫치킨 소스

- 토마토 페이스트 3/4큰술
  (또는 토마토 으깬 것)
- 스리라차 1큰술
- 올리고당 1작은술

1 닭가슴살은 결대로 찢는다.
　◎ 일반 생 닭가슴살을 사용할 경우,
　끓는 물 3컵에 월계수잎, 통후추,
　닭가슴살을 넣어 3분간 데친 후
　한김 식혀 사용한다.

2 볼에 핫치킨 소스 재료를 넣고
　섞은 후 찢은 닭가슴살을 넣어 버무린다.

3 구운 식빵의 한쪽 면에
　기본 스프레드를 1큰술씩 나눠 바른다.
　◎ 기본 스프레드는 기호에 따라
　가감한다.

4 유산지 위에 기본 스프레드를 바른
　식빵을 올린다. 그 위에 슬라이스 치즈,
　②의 닭가슴살을 올리고
　마요네즈를 바른다.

5 토마토 슬라이스, 채 썬 적양배추,
　양상추와 로메인을 올린 후
　나머지 식빵으로 덮는다. 유산지로
　샌드위치를 감싸 2등분한다.
　◎ 유산지로 포장하기 20쪽

Tip. 더 매콤하게 즐기기

좀 더 매운맛을 원한다면 핫치킨 소스에
다진 청양고추 1/2개를 넣어서 만들어도
좋아요.

먹고나면 또 생각나는 단짠의 조합
데리야키치킨 샌드위치

[기본 재료 준비하기]

- 구운 식빵 2장
- 기본 스프레드 2큰술
- 토마토 슬라이스 1개(1cm 두께, 60~80g)
- 양상추 + 로메인 약 10장(70g)
- 채 썬 적양배추 약 2장(25g)

식빵 굽기
15쪽

기본 스프레드 만들기
16쪽

채소 손질하기
18쪽

[만들기] 1인분 / 20~25분

추가 속재료
- 완조리 닭가슴살 약 1/2개(60g)
- 슬라이스 치즈 2장
- 양파 1/3개(40g)
- 시판 데리야키 소스 1큰술
- 마요네즈 1작은술

1 양파는 0.5cm 두께로 썰고, 완조리
닭가슴살은 1cm 두께로 찢는다.
볼에 데리야키 소스를 넣고
닭가슴살, 양파를 넣어 버무린다.
◎ 일반 생 닭가슴살을 사용할 경우, 끓는
물 3컵에 월계수잎, 통후추, 닭가슴살을
넣어 3분간 데친 후 한김 식혀 사용한다.

2 달군 팬에 ①을 넣고 중강 불에서 2분간
소스가 끈적해질 정도로 볶는다.

3 구운 식빵의 한쪽 면에
기본 스프레드를 1큰술씩 나눠 바른다.
◎ 기본 스프레드는 기호에 따라
가감한다.

4 유산지 위에 기본 스프레드를 바른
식빵을 올린다. 그 위에 슬라이스 치즈,
②의 볶은 닭가슴살과 양파를 올리고
마요네즈를 바른다.

5 토마토 슬라이스, 채 썬 적양배추,
양상추와 로메인을 올린 후
나머지 식빵으로 덮는다. 유산지로
샌드위치를 감싸 2등분한다.
◎ 유산지로 포장하기 20쪽

Tip. 홈메이드 데리야키 소스 만들기

양조간장 1큰술, 설탕 2작은술,
맛술 2작은술, 물 2작은술을 팬에 넣고
살짝 끓여요. 이때, 단맛은 설탕으로
가감해도 됩니다. 레시피 분량만큼 더하고
남은 소스는 냉장 보관 후 사용하세요.

부드러운 식감으로 무장한 치킨과 크래미의 만남

치킨 크래미 샌드위치

[기본 재료 준비하기]

• 구운 통밀식빵 2장
• 기본 스프레드 1큰술
• 토마토 슬라이스 1개(1cm 두께, 60~80g)
• 양상추 + 로메인 약 8장(60g)
• 채 썬 적양배추 약 2장(25g)

 + +

식빵 굽기
15쪽

기본 스프레드 만들기
16쪽

채소 손질하기
18쪽

[만들기] 1인분 / 20~25분

추가 속재료
• 크래미 2와 1/2개(50g)
• 완조리 닭가슴살 1/6개(20g)
• 슬라이스 치즈 1장
• 양파 1/5개(20g)
• 식용유 1작은술
• 마요네즈 1작은술

1 양파는 0.5cm 두께로 썬다.

2 크래미, 완조리 닭가슴살은
결대로 찢는다. ◎ 일반 생 닭가슴살을
사용할 경우, 끓는 물 3컵에 월계수잎,
통후추, 닭가슴살을 넣어 3분간 데친 후
한김 식혀 사용한다.

3 달군 팬에 식용유를 두르고
양파를 넣어 중강 불에서 30초간,
크래미와 닭가슴살을 넣고
1분간 더 볶는다.

4 구운 통밀식빵의 1장의 한쪽 면에서
기본 스프레드를, 다른 1장의
한쪽 면에는 마요네즈를 펴 바른다.
◎ 기본 스프레드는 기호에 따라 가감한다.

5 유산지 위에 마요네즈를 바른 통밀식빵을
올린다. 그 위에 슬라이스 치즈, ③을 올린다.
양상추와 로메인, 토마토 슬라이스, 채 썬
적양배추를 올리고 기본 스프레드를 바른
통밀식빵으로 덮는다. 유산지로 샌드위치를
감싸 2등분한다. ◎ 유산지로 포장하기 20쪽

까르보치킨 샌드위치
_ 레시피 44쪽

커리치킨 샌드위치
_레시피 45쪽

크림 소스의 고소한 풍미가 가득한 샌드위치

까르보치킨 샌드위치

[기본 재료 준비하기]

- 구운 통밀식빵 2장
- 기본 스프레드 1큰술
- 토마토 슬라이스 1개(1cm 두께, 60~80g)
- 양상추 + 로메인 약 8장(60g)
- 채 썬 적양배추 약 2장(25g)

 + +

식빵 굽기
15쪽

기본 스프레드 만들기
16쪽

채소 손질하기
18쪽

[만들기] 1인분 / 20~25분

추가 속재료

- 완조리 닭가슴살 약 1/3개(60g)
- 슬라이스 치즈 1장
- 시판 크림 파스타 소스 1/2큰술
- 채 썬 양파 1/5개(20g)
- 식용유 1작은술
- 마요네즈 1작은술

1 완조리 닭가슴살은 결대로 찢은 후
볼에 넣고 크림 파스타 소스에 버무린다.
◎ 일반 생 닭가슴살을 사용할 경우,
끓는 물 3컵에 월계수잎, 통후추,
닭가슴살을 넣어 3분간 데친 후 한김
식혀 사용한다.

2 달군 팬에 식용유를 두르고
양파를 넣어 중강 불에서 30초간,
①의 닭가슴살을 넣고 1분간 더 볶는다.

3 구운 통밀식빵의 1장의 한쪽 면에서
기본 스프레드를, 다른 1장의
한쪽 면에는 마요네즈를 펴 바른다.
◎ 기본 스프레드는 기호에 따라
가감한다.

4 유산지 위에 마요네즈를 바른
통밀식빵을 올린다. 그 위에 슬라이스
치즈, ②의 볶은 재료를 올린다.

5 양상추와 로메인, 토마토 슬라이스,
채 썬 적양배추를 올리고 기본
스프레드를 바른 통밀식빵으로 덮는다.
유산지로 샌드위치를 감싸 2등분한다.
◎ 유산지로 포장하기 20쪽

커리 소스로 버무린 이국적인 치킨을 넣어 만든

커리치킨 샌드위치

[기본 재료 준비하기]

- 구운 통밀식빵 2장
- 기본 스프레드 1큰술
- 토마토 슬라이스 1개(1cm 두께, 60~80g)
- 양상추 + 로메인 약 8장(60g)
- 채 썬 적양배추 약 2장(25g)

 + +

식빵 굽기
15쪽

기본 스프레드 만들기
16쪽

채소 손질하기
18쪽

[만들기] 1인분 / 20~25분

추가 속재료
- 완조리 닭가슴살 약 1/3개(60g)
- 슬라이스 치즈 1장
- 채 썬 양파 1/5개(20g)
- 식용유 1작은술
- 마요네즈 1작은술

커리 소스
- 커리가루 1과 1/3큰술
- 따뜻한 물 1큰술
- 올리고당 1작은술

1 완조리 닭가슴살은 결대로 찢은 후 볼에 넣고 커리 소스 재료와 함께 버무린다. ◎ 일반 생 닭가슴살을 사용할 경우, 끓는 물 3컵에 월계수잎, 통후추, 닭가슴살을 넣어 3분간 데친 후 한김 식혀 사용한다.

2 달군 팬에 식용유를 두르고 양파를 넣어 중강 불에서 30초간, ①의 닭가슴살을 넣고 1분간 더 볶는다.

3 구운 통밀식빵의 1장의 한쪽 면에서 기본 스프레드를, 다른 1장의 한쪽 면에는 마요네즈를 펴 바른다. ◎ 기본 스프레드는 기호에 따라 가감한다.

4 유산지 위에 마요네즈를 바른 통밀식빵을 올린다. 그 위에 슬라이스 치즈, ②의 볶은 재료를 올린다.

5 양상추와 로메인, 토마토 슬라이스, 채 썬 적양배추를 올리고 기본 스프레드를 바른 통밀식빵으로 덮는다. 유산지로 샌드위치를 감싸 2등분한다. ◎ 유산지로 포장하기 20쪽

육즙 가득한 불고기를 듬뿍 넣은
불고기 샌드위치

식빵 굽기
15쪽

기본 스프레드 만들기
16쪽

채소 손질하기
18쪽

[만들기] 1인분 / 20~25분

추가 속재료

- 불고기용 쇠고기 70g
- 슬라이스 치즈 1장
- 시판 불고기 양념 1큰술
- 식용유 1작은술
- 마요네즈 1작은술

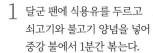

1 달군 팬에 식용유를 두르고
쇠고기와 불고기 양념을 넣어
중강 불에서 1분간 볶는다.

2 구운 식빵의 1장의 한쪽 면에서
기본 스프레드를, 다른 1장의
한쪽 면에는 마요네즈를 펴 바른다.
◎ 기본 스프레드는 기호에 따라
가감한다.

3 유산지 위에 마요네즈를 바른
식빵을 올린다. 그 위에 슬라이스 치즈,
익힌 불고기를 올린다.

4 채 썬 적양배추, 토마토 슬라이스,
양상추와 로메인을 올리고
기본 스프레드를 바른 식빵으로 덮는다.
유산지로 샌드위치를 감싸 2등분한다.
◎ 유산지로 포장하기 20쪽

Tip. 홈메이드 불고기 양념 만들기

믹서에 양파 1/2개, 양조간장 3큰술,
설탕 1큰술, 올리고당 1큰술, 다진 마늘
1큰술, 맛술 2큰술, 참기름 1큰술,
통깨 1큰술을 넣고 곱게 갈아요.
불고기 70g 기준으로 2큰술을 사용하고,
남은 양념은 냉장 보관 후 사용하세요.

깻잎 불고기 샌드위치
_레시피 50쪽

버섯 불고기 샌드위치
_레시피 51쪽

바질 불고기 샌드위치
_레시피 52쪽

불고기와 찰떡궁합인 향긋한 깻잎을 가득 넣은

깻잎 불고기 샌드위치

[기본 재료 준비하기]

- 구운 식빵 2장
- 기본 스프레드 1큰술
- 토마토 슬라이스 1개(1cm 두께, 60~80g)
- 양상추 + 로메인 약 8장(60g)
- 채 썬 적양배추 약 2장(25g)

 + +

식빵 굽기
15쪽

기본 스프레드 만들기
16쪽

채소 손질하기
18쪽

[만들기] 1인분 / 20~25분

추가 속재료

- 슬라이스 치즈 1장
- 불고기용 쇠고기 70g
- 깻잎 3장
- 시판 불고기 양념 1큰술
  ◎ 홈메이드 불고기 양념 만들기 47쪽
- 식용유 1작은술
- 마요네즈 1작은술

1 달군 팬에 식용유를 두르고
쇠고기와 불고기 양념을 넣어
중강 불에서 1분간 볶는다.

2 구운 식빵의 1장의 한쪽 면에서
기본 스프레드를, 다른 1장의
한쪽 면에는 마요네즈를 펴 바른다.
◎ 기본 스프레드는 기호에 따라
가감한다.

3 유산지 위에 마요네즈를 바른 식빵을
올린다. 그 위에 슬라이스 치즈,
익힌 불고기, 깻잎을 올린다.

4 채 썬 적양배추, 토마토 슬라이스,
양상추와 로메인을 올리고
기본 스프레드를 바른 식빵으로 덮는다.
유산지로 샌드위치를 감싸 2등분한다.
◎ 유산지로 포장하기 20쪽

담백한 버섯이 치트키!

버섯 불고기 샌드위치

[기본 재료 준비하기]

- 구운 식빵 2장
- 기본 스프레드 1큰술
- 토마토 슬라이스 1개(1cm 두께, 60~80g)
- 양상추 + 로메인 약 7장(50g)
- 채 썬 적양배추 약 2장(25g)

 +  +

식빵 굽기
15쪽

기본 스프레드 만들기
16쪽

채소 손질하기
18쪽

[만들기] 1인분 / 20~25분

추가 속재료

- 슬라이스 치즈 1장
- 불고기용 쇠고기 70g
- 시판 불고기 양념 1큰술
  ◎ 홈메이드 불고기 양념 만들기 47쪽
- 느타리버섯 1줌(가닥가닥 뜯은 것, 40g)
- 식용유 1작은술 + 1작은술
- 마요네즈 1작은술

1 달군 팬에 식용유 1작은술을 두르고 느타리버섯을 넣어 센 불에서 1분간 볶은 후 덜어둔다.

2 ①의 팬에 식용유 1작은술을 더 두르고 쇠고기와 불고기 양념을 넣어 중강 불에서 1분간 볶는다.

3 구운 식빵의 1장의 한쪽 면에서 기본 스프레드를, 다른 1장의 한쪽 면에는 마요네즈를 펴 바른다.
◎ 기본 스프레드는 기호에 따라 가감한다.

4 유산지 위에 마요네즈를 바른 식빵을 올린다. 그 위에 슬라이스 치즈, 익힌 불고기, 볶은 느타리버섯을 올린다.

5 양상추와 로메인, 토마토 슬라이스, 채 썬 적양배추를 올리고 기본 스프레드를 바른 식빵으로 덮는다. 유산지로 샌드위치를 감싸 2등분한다.
◎ 유산지로 포장하기 20쪽

바질 페스토로 업그레이드한 불고기의 맛!

바질 불고기 샌드위치

식빵 굽기
15쪽

기본 스프레드 만들기
16쪽

채소 손질하기
18쪽

[기본 재료 준비하기]

· 구운 식빵 2장
· 기본 스프레드 1큰술
· 토마토 슬라이스 1개(1cm 두께, 60~80g)
· 양상추 + 로메인 약 8장(60g)
· 채 썬 적양배추 약 2장(25g)

[만들기] 1인분 / 20~25분

추가 속재료
· 슬라이스 치즈 1장
· 불고기용 쇠고기 70g
· 시판 불고기 양념 1큰술
　◎ 홈메이드 불고기 양념 만들기 47쪽
· 식용유 1작은술
· 바질 페스토 1작은술
　◎ 만들기 17쪽

1 달군 팬에 식용유를 두르고
쇠고기와 불고기 양념을 넣어
중강 불에서 1분간 볶는다.

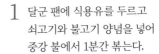

2 구운 식빵의 1장의 한쪽 면에서
기본 스프레드를, 다른 1장의
한쪽 면에는 바질 페스토를 펴 바른다.
◎ 기본 스프레드와 바질 페스토는
기호에 따라 가감한다.

3 유산지 위에 바질 페스토를 바른
식빵을 올린다. 그 위에 슬라이스 치즈,
익힌 불고기를 올린다.

4 채 썬 적양배추, 토마토 슬라이스,
양상추와 로메인을 올리고
기본 스프레드를 바른 식빵으로 덮는다.
유산지로 샌드위치를 감싸 2등분한다.
◎ 유산지로 포장하기 20쪽

빙수떡과 불고기의 절묘한 콜라보
떡불 샌드위치

[기본 재료 준비하기]

- 구운 식빵 2장
- 기본 스프레드 1큰술
- 토마토 슬라이스 1개(1cm 두께, 60~80g)
- 양상추 + 로메인 약 8장(60g)
- 채 썬 적양배추 약 2장(25g)

 + +

식빵 굽기
15쪽

기본 스프레드 만들기
16쪽

채소 손질하기
18쪽

[만들기] 1인분 / 20~25분

추가 속재료
- 슬라이스 치즈 1장
- 불고기용 쇠고기 70g
- 시판 불고기 양념 1큰술
  ◎ 홈메이드 불고기 양념 만들기 47쪽
- 빙수 떡 3개(30g, 또는 떡볶이 떡)
- 식용유 1작은술
- 마요네즈 1작은술

1 빙수 떡은 1cm 두께로 썬다.

2 달군 팬에 식용유를 두르고
쇠고기와 불고기 양념을 넣어
중강 불에서 1분, 빙수 떡을 넣어
30초간 더 볶는다.

3 구운 식빵의 1장의 한쪽 면에서
기본 스프레드를, 다른 1장의
한쪽 면에는 마요네즈를 펴 바른다.
◎ 기본 스프레드는 기호에 따라
가감한다.

4 유산지 위에 마요네즈를 바른 식빵을
올린다. 그 위에 슬라이스 치즈,
②의 떡불고기를 올린다.

5 채 썬 적양배추, 토마토 슬라이스,
양상추와 로메인을 올리고
기본 스프레드를 바른 식빵으로 덮는다.
유산지로 샌드위치를 감싸 2등분한다.
◎ 유산지로 포장하기 20쪽

Tip. 떡볶이 떡으로 대체하기

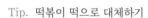

빙수 떡은 떡이 말랑하고 단맛이 있어요.
떡볶이 떡을 사용할 때는 물에 잠깐 불린 후
1cm 두께로 썰어 사용하세요.

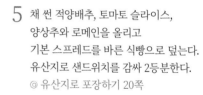

아이들이 가장 좋아하는 샌드위치 no.1

돈가스 샌드위치

[기본 재료 준비하기]

· 구운 식빵 2장
· 기본 스프레드 2큰술
· 토마토 슬라이스 1개(1cm 두께, 60~80g)
· 양상추 + 로메인 약 10장(70g)
· 채 썬 적양배추 약 2장(25g)

 + +

식빵 굽기
15쪽

기본 스프레드 만들기
16쪽

채소 손질하기
18쪽

[만들기] 1인분 / 20~25분

추가 속재료
· 냉동 돈가스 1장(100g~110g)
· 슬라이스 치즈 1장
· 식용유 1/2컵(100㎖)

돈가스 마요 소스
· 시판 돈가스 소스 1큰술
· 마요네즈 1큰술
· 올리고당 1/2작은술

1 달군 팬에 식용유를 두르고
돈가스를 올려 센 불에서 3~4분간
뒤집어가며 바삭하게 튀긴다.
키친타월에 올려 기름기를 제거한다.

2 볼에 돈가스 마요 소스 재료를 넣어
골고루 섞는다.

3 구운 식빵의 한쪽 면에
기본 스프레드를 1큰술씩 나눠 바른다.
◎ 기본 스프레드는 기호에 따라
가감한다.

4 유산지 위에 기본 스프레드를 바른
식빵을 올린다. 그 위에 슬라이스 치즈,
돈가스를 올리고 돈가스 마요 소스
1큰술을 올려 펴 바른다. ◎ 남은 소스는
돈가스나 튀김의 소스로 활용하거나
냉장실에서 7일간 보관 가능하다.

5 채 썬 적양배추, 토마토 슬라이스,
양상추와 로메인을 올린 후
나머지 식빵으로 덮는다. 유산지로
샌드위치를 감싸 2등분한다.
◎ 유산지로 포장하기 20쪽

건강한 훈제오리 요리를 양파와 함께 푸짐하게 즐기는

어니언 훈제오리 샌드위치

- 구운 식빵 2장
- 기본 스프레드 1큰술
- 토마토 슬라이스 1개(1cm 두께, 60~80g)
- 양상추 + 로메인 약 8장(60g)
- 채 썬 적양배추 약 2장(25g)

식빵 굽기
15쪽

기본 스프레드 만들기
16쪽

채소 손질하기
18쪽

[만들기] 1인분 / 20~25분

추가 속재료
- 슬라이스 치즈 1장
- 훈제오리 4~5조각(40g)
- 양파 1/3개(40g)
- 식용유 1작은술
- 마요네즈 1작은술

1 양파는 0.5cm 두께로 썬다.

2 달군 팬에 식용유를 두르고 훈제오리,
양파를 넣어 중강 불에서 1분간 볶는다.
키친타월에 올려 기름기를 제거한다.

3 구운 식빵의 1장의 한쪽 면에서
기본 스프레드를, 다른 1장의
한쪽 면에는 마요네즈를 펴 바른다.
◎ 기본 스프레드는 기호에 따라
가감한다.

4 유산지 위에 마요네즈를 바른 식빵을
올린다. 그 위에 슬라이스 치즈,
②의 볶은 재료를 올린다.

5 양상추와 로메인, 토마토 슬라이스,
채 썬 적양배추를 올린 후 기본
스프레드를 바른 식빵으로 덮는다.
유산지로 샌드위치를 감싸 2등분한다.
◎ 유산지로 포장하기 20쪽

매콤한 할라피뇨로 오리고기의 느끼함을 잡은

할라피뇨 훈제오리 샌드위치

[기본 재료 준비하기]

· 구운 식빵 2장
· 기본 스프레드 1큰술
· 토마토 슬라이스 1개(1cm 두께, 60~80g)
· 양상추 + 로메인 약 8장(60g)
· 채 썬 적양배추 약 2장(25g)

식빵 굽기
15쪽

기본 스프레드 만들기
16쪽

채소 손질하기
18쪽

[만들기] 1인분 / 20~25분

추가 속재료
· 슬라이스 치즈 1장
· 훈제오리 6~7조각(60g)
· 할라피뇨 3개(8g)
· 식용유 1작은술
· 마요네즈 1작은술

1 할라피뇨는 잘게 다진다.

2 달군 팬에 식용유를 두르고
훈제오리를 넣어 중강 불에서
1분간 볶는다. 키친타월에 올려
기름기를 제거한다.

3 구운 식빵의 1장의 한쪽 면에서
기본 스프레드를, 다른 1장의
한쪽 면에는 마요네즈를 펴 바른다.
◎ 기본 스프레드는 기호에 따라
가감한다.

4 유산지 위에 마요네즈를 바른 식빵을
올린다. 그 위에 슬라이스 치즈,
②의 볶은 재료, 다진 할라피뇨를 올린다.

5 양상추와 로메인, 토마토 슬라이스,
채 썬 적양배추를 올린 후
기본 스프레드를 바른 식빵으로
덮는다. 유산지로 샌드위치를 감싸
2등분한다.
◎ 유산지로 포장하기 20쪽

61

호텔 조식이 생각날 때!

베이컨 에그 샌드위치

- 구운 식빵 2장
- 기본 스프레드 2큰술
- 토마토 슬라이스 1개(1cm 두께, 60~80g)
- 양상추 + 로메인 약 10장(70g)
- 채 썬 적양배추 약 2장(25g)

| 식빵 굽기 15쪽 | 기본 스프레드 만들기 16쪽 | 채소 손질하기 18쪽 |

[만들기] 1인분 / 20~25분

추가 속재료
- 베이컨 3줄(50g)
- 달걀 1개
- 슬라이스 치즈 2장
- 식용유 1작은술
- 소금 약간
- 후춧가루 약간

1 달군 팬에 식용유를 두르고 달걀을 깨뜨려 올린다. 소금, 후춧가루를 뿌려 달걀프라이를 한 후 덜어둔다.

2 ①의 팬에 베이컨을 올려 중강 불에서 1분간 구운 후 키친타월에 올려 기름기를 제거한다.

3 구운 식빵의 한쪽 면에 기본 스프레드를 1큰술씩 나눠 바른다.
◎ 기본 스프레드는 기호에 따라 가감한다.

4 유산지 위에 기본 스프레드를 바른 식빵을 올린다. 그 위에 슬라이스 치즈, 구운 베이컨, 달걀프라이를 올린다.

5 채 썬 적양배추, 토마토 슬라이스, 양상추와 로메인을 올린 후 나머지 식빵으로 덮는다. 유산지로 샌드위치를 감싸 2등분한다.
◎ 유산지로 포장하기 20쪽

달콤한 딸기와 으깬 달걀의 절묘한 조화

에그 딸기잼 샌드위치

[기본 재료 준비하기]

• 구운 통밀식빵 2장
• 기본 스프레드 1큰술
• 토마토 슬라이스 1개(1cm 두께, 60~80g)
• 양상추 + 로메인 약 8장(60g)
• 채 썬 적양배추 약 2장(25g)

 + +

식빵 굽기   기본 스프레드 만들기   채소 손질하기
15쪽   16쪽   18쪽

[만들기] 1인분 / 20~25분

추가 속재료
• 슬라이스 치즈 1장
• 딸기잼 1작은술(또는 다른 과일잼)

에그 샐러드
• 삶은 달걀 1개(약 50g~55g)
• 마요네즈 1작은술
• 허니 머스터드 1작은술
• 소금 약간
• 후춧가루 약간

1 삶은 달걀은 잘게 다진 후
볼에 담고 나머지 에그 샐러드 재료와
함께 골고루 섞는다.

2 구운 통밀식빵의 1장의 한쪽 면에서
기본 스프레드를, 다른 1장의
한쪽 면에는 딸기잼을 펴 바른다.
◎ 기본 스프레드는 기호에 따라
가감한다.

3 유산지 위에 딸기쨈을 바른
통밀식빵을 올린다. 그 위에 슬라이스
치즈, 에그 샐러드를 올린다.

4 양상추와 로메인, 토마토 슬라이스,
채 썬 적양배추를 올리고 기본
스프레드를 바른 통밀식빵으로 덮는다.
유산지로 샌드위치를 감싸 2등분한다.
◎ 유산지로 포장하기 20쪽

Tip. 에그 애플 시나몬 샌드위치로 즐기기
〰〰〰〰〰〰〰〰〰〰〰〰

과정 ③번에서 에그 샐러드를 올린 후
사과잼 1작은술(10g)을 올리고
나머지 재료를 올려 샌드위치를 완성해요.
2등분한 후 샌드위치 단면에 시나몬
파우더를 약간 뿌려 즐겨보세요.

식감과 풍미를
더욱 다양하게 즐기는

해산물 듬뿍 샌드위치

쉽게 구할 수 있는 해산물을 이용해 절묘한 조합으로 맛과 영양의 균형을 선사합니다.
다채로운 식감으로 입이 행복해지는 마법 같은 샌드위치를 즐겨보세요.

만들자마자 순삭되는 부드러운 맛

크래미 에그 샌드위치

[기본 재료 준비하기]

- 구운 통밀식빵 2장
- 기본 스프레드 1큰술
- 토마토 슬라이스 1개(1cm 두께, 60~80g)
- 양상추 + 로메인 약 8장(60g)
- 채 썬 적양배추 약 2장(25g)

 + +

식빵 굽기
15쪽

기본 스프레드 만들기
16쪽

채소 손질하기
18쪽

[만들기] 1인분 / 20~25분

추가 속재료
- 크래미 2개(40g)
- 슬라이스 치즈 1장
- 마요네즈 1작은술

에그 샐러드
- 삶은 달걀 1개(약 50g~55g)
- 마요네즈 1작은술
- 허니 머스터드 1작은술
- 소금 약간
- 후춧가루 약간

1 삶은 달걀은 잘게 다진 후
볼에 담고 나머지 에그 샐러드 재료와
함께 골고루 섞는다.

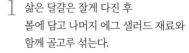

2 크래미는 결대로 잘게 찢는다.

3 구운 통밀식빵의 1장의 한쪽 면에서
기본 스프레드를, 다른 1장의
한쪽 면에는 마요네즈를 펴 바른다.
◎ 기본 스프레드는 기호에 따라
가감한다.

4 유산지 위에 마요네즈를 바른 통밀식빵을
올린다. 그 위에 슬라이스 치즈,
에그 샐러드, 잘게 찢은 크래미를 올린다.

5 양상추와 로메인, 토마토 슬라이스,
채 썬 적양배추를 올리고 기본
스프레드를 바른 통밀식빵으로 덮는다.
유산지로 샌드위치를 감싸 2등분한다.
◎ 유산지로 포장하기 20쪽

콘 참치 샌드위치
_ 레시피 72쪽

크래미 참치 샌드위치
_ 레시피 73쪽

71

사계절 내내 부담없이 즐기는 달콤한 옥수수와 고소한 참치의 만남

콘 참치 샌드위치

[기본 재료 준비하기]

- 구운 식빵 2장
- 기본 스프레드 1큰술
- 토마토 슬라이스 1개(0.7cm 두께, 50~70g)
- 양상추 + 로메인 약 7장(50g)
- 채 썬 적양배추 약 2장(25g)

식빵 굽기
15쪽

기본 스프레드 만들기
16쪽

채소 손질하기
18쪽

[만들기] 1인분 / 20~25분

추가 속재료
- 슬라이스 치즈 1장
- 마요네즈 1작은술

콘 참치 샐러드
- 통조림 참치 1캔(60g)
- 통조림 옥수수 1큰술(15g)
- 마요네즈 1작은술

Tip. 크랜베리 참치 샌드위치나
청양고추 참치 샌드위치로 즐기기

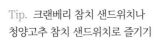

과정 ②에서 통조림 옥수수 대신
건 크랜베리 1작은술(10g) 또는
다진 청양고추 1개분을 넣어도 좋아요.

1 통조림 참치는 체에 올려
   끓는 물을 부어 기름기와 짠맛을
   없앤 후 물기를 제거한다.

2 볼에 콘 참치 샐러드 재료를 넣어
   골고루 버무린다.

3 구운 식빵의 1장의 한쪽 면에서
   기본 스프레드를, 다른 1장의
   한쪽 면에는 마요네즈를 펴 바른다.
   ◎ 기본 스프레드는 기호에 따라 가감한다.

4 유산지 위에 마요네즈를 바른 식빵을
   올린다. 그 위에 슬라이스 치즈,
   콘 참치 샐러드를 올린다.

5 양상추와 로메인, 토마토 슬라이스,
   채 썬 적양배추를 올리고 기본
   스프레드를 바른 식빵으로 덮는다.
   유산지로 샌드위치를 감싸 2등분한다.
   ◎ 유산지로 포장하기 20쪽

바다의 맛으로 가득 채운
크래미 참치 샌드위치

[기본 재료 준비하기]

 + +

식빵 굽기 15쪽　기본 스프레드 만들기 16쪽　채소 손질하기 18쪽

- 구운 식빵 2장
- 기본 스프레드 1큰술
- 토마토 슬라이스 1개(0.7cm 두께, 50~70g)
- 양상추 + 로메인 약 7장(50g)
- 채 썬 적양배추 약 2장(25g)

[만들기] 1인분 / 20~25분

추가 속재료
- 슬라이스 치즈 1장
- 마요네즈 1작은술

크래미 참치 샐러드
- 통조림 참치 1/2개(30g)
- 크래미 1과 1/2개(30g)
- 마요네즈 1큰술

1 크래미는 잘게 찢는다.

2 통조림 참치와 크래미는 체에 올려 끓는 물을 부어 기름기와 짠맛을 없앤 후 물기를 제거한다.

3 볼에 크래미 참치 샐러드 재료를 넣어 골고루 버무린다.

4 구운 식빵의 1장의 한쪽 면에서 기본 스프레드를, 다른 1장의 한쪽 면에는 마요네즈를 펴 바른다. 유산지 위에 마요네즈를 바른 식빵을 올린다. 그 위에 슬라이스 치즈, 크래미 참치 샐러드를 올린다. ◎ 기본 스프레드는 기호에 따라 가감한다.

5 양상추와 로메인, 토마토 슬라이스, 채 썬 적양배추를 올리고 기본 스프레드를 바른 식빵으로 덮는다. 유산지로 샌드위치를 감싸 2등분한다.
◎ 유산지로 포장하기 20쪽

와사비 크래미 샌드위치
_ 레시피 76쪽

스파이시 파인애플 크래미 샌드위치
_ 레시피 77쪽

알싸한 와사비와 크래미의 맛있는 조화
와사비 크래미 샌드위치

[기본 재료 준비하기]

- 구운 식빵 2장
- 기본 스프레드 2큰술
- 토마토 슬라이스 1개(1cm 두께, 60~80g)
- 양상추 + 로메인 약 8장(60g)
- 채 썬 적양배추 약 2장(25g)

식빵 굽기   기본 스프레드 만들기   채소 손질하기
15쪽   16쪽   18쪽

[만들기] 1인분 / 15~20분

추가 속재료
- 크래미 3개(60g)
- 슬라이스 치즈 2장

와사비 소스
- 마요네즈 1큰술
- 올리고당 1작은술
- 생와사비 1작은술

1 볼에 와사비 소스 재료와 잘게 찢은 크래미를 넣어 골고루 버무린다.

2 구운 식빵의 한쪽 면에 기본 스프레드를 1큰술씩 나눠 바른다.
◎ 기본 스프레드는 기호에 따라 가감한다.

3 유산지 위에 기본 스프레드를 바른 식빵을 올린다. 그 위에 슬라이스 치즈, ①의 와사비 크래미를 올린다.

4 토마토 슬라이스, 채 썬 적양배추, 양상추와 로메인을 순서대로 올린 후 나머지 식빵으로 덮는다. 유산지로 샌드위치를 감싸 2등분한다.
◎ 유산지로 포장하기 20쪽

Tip. 샌드위치 모양 예쁘게 만들기

부드러운 크래미 위에 단단한 토마토를 올리면 포장시 모양을 흐트러지지 않게 잡아줘요.

하와이언 브런치 느낌 가득!

스파이시 파인애플 크래미 샌드위치

[기본 재료 준비하기]

· 구운 식빵 2장
· 기본 스프레드 2큰술
· 토마토 슬라이스 1개(1cm 두께, 60~80g)
· 양상추 + 로메인 약 8장(60g)
· 채 썬 적양배추 약 2장(25g)

식빵 굽기
15쪽

기본 스프레드 만들기
16쪽

채소 손질하기
18쪽

[만들기] 1인분 / 15~20분

추가 속재료
· 크래미 3개(60g)
· 통조림 파인애플 슬라이스 1개
  (60g~63g)
· 슬라이스 치즈 2장

스파이시 소스
· 스리라차 3/4큰술
· 올리고당 1/2작은술

1 볼에 스파이시 소스 재료와 잘게 찢은
  크래미를 넣어 골고루 버무린다.

2 통조림 파인애플은 키친타월에 올려
  물기를 제거한다.

3 구운 식빵의 한쪽 면에
  기본 스프레드를 1큰술씩 나눠 바른다.
  ◎ 기본 스프레드는 기호에 따라
  가감한다.

4 유산지 위에 기본 스프레드를 바른
  식빵을 올린다. 그 위에 슬라이스 치즈,
  ①의 스파이시 크래미, 통조림
  파인애플을 올린다.

5 채 썬 적양배추, 토마토 슬라이스,
  양상추와 로메인을 올린 후
  나머지 식빵으로 덮는다. 유산지로
  샌드위치를 감싸 2등분한다.
  ◎ 유산지로 포장하기 20쪽

참치에 옥수수와 깻잎을 넣어 식감과 향을 더한

깻잎 콘 참치 샌드위치

[기본 재료 준비하기]

- 구운 식빵 2장
- 기본 스프레드 2큰술
- 토마토 슬라이스 1개(0.7cm 두께, 50~70g)
- 양상추 + 로메인 약 7장(50g)
- 채 썬 적양배추 약 2장(25g)

식빵 굽기
15쪽

기본 스프레드 만들기
16쪽

채소 손질하기
18쪽

[만들기] 1인분 / 20~25분

추가 속재료
- 슬라이스 치즈 1장

깻잎 콘 참치
- 통조림 참치 1캔(60g)
- 다진 깻잎 3~4장(5g)
- 통조림 옥수수 1큰술(15g)
- 마요네즈 1큰술

1 통조림 참치는 체에 올려
뜨거운 물을 부어 기름기와 짠맛을
없앤 후 물기를 제거한다.

2 볼에 깻잎 콘 참치 재료를 넣어
골고루 섞는다.

3 구운 식빵의 한쪽 면에
기본 스프레드를 1큰술씩 나눠 바른다.
◎ 기본 스프레드는 기호에 따라
가감한다.

4 유산지 위에 기본 스프레드를 바른
식빵을 올린다. 그 위에 슬라이스 치즈,
깻잎 콘 참치를 올린다.

5 채 썬 적양배추, 토마토 슬라이스,
양상추와 로메인을 올린 후
나머지 식빵으로 덮는다. 유산지로
샌드위치를 감싸 2등분한다.
◎ 유산지로 포장하기 20쪽

통새우 3마리가 주는 풍부한 새우맛!

새우튀김 샌드위치

[기본 재료 준비하기]

• 구운 식빵 2장
• 기본 스프레드 2큰술
• 토마토 슬라이스 1개(1cm 두께, 60~80g)
• 양상추 + 로메인 약 10장(70g)
• 채 썬 적양배추 약 2장(25g)

식빵 굽기
15쪽

기본 스프레드 만들기
16쪽

채소 손질하기
18쪽

[만들기] 1인분 / 20~25분

추가 속재료
• 냉동 새우튀김 3개(70g)
• 슬라이스 치즈 2장
• 식용유 1/2컵(100㎖)

타르타르 소스
• 다진 양파 2작은술
• 다진 피클 2작은술
• 떠먹는 플레인 요거트 1큰술
• 마요네즈 1큰술
• 레몬즙 1/2작은술
• 올리고당 1작은술
• 후춧가루 약간

1 팬에 식용유를 붓고 190℃로 달군다.
냉동 새우튀김을 넣고 2~3분 동안
바삭하게 튀긴다. 꼬리는 잘라서
제거한다.

2 볼에 타르타르 소스 재료를 넣어
골고루 섞는다.

3 구운 식빵의 한쪽 면에
기본 스프레드를 1큰술씩 나눠 바른다.
◎ 기본 스프레드는 기호에 따라
가감한다.

4 유산지 위에 기본 스프레드를 바른
식빵을 올린다. 그 위에 슬라이스 치즈,
새우튀김을 올리고 타르타르 소스
1큰술을 펴 바른다. ◎ 남은 타르타르
소스는 5일간 냉장 보관 가능하다.

5 채 썬 적양배추, 토마토 슬라이스,
양상추와 로메인을 올린 후
나머지 식빵으로 덮는다. 유산지로
샌드위치를 감싸 2등분한다.
◎ 유산지로 포장하기 20쪽

통통한 새우를 듬뿍 넣어 누구라도 좋아하는 맛

쉬림프 칠리 샌드위치

- 구운 식빵 2장
- 기본 스프레드 1큰술
- 토마토 슬라이스 1개(1cm 두께, 60~80g)
- 양상추 + 로메인 약 8장(60g)
- 채 썬 적양배추 약 2장(25g)

 + +

식빵 굽기
15쪽

기본 스프레드 만들기
16쪽

채소 손질하기
18쪽

[만들기] 1인분 / 20~25분

추가 속재료
- 슬라이스 치즈 1장
- 냉동 생새우살 7~8개(4~5cm 사이즈)
- 식용유 1작은술
- 마요네즈 1작은술

칠리 소스
- 스위트 칠리 소스 2/3큰술
- 토마토케첩 1/2작은술

1 달군 팬에 식용유를 두르고 생새우살을
올려 중강 불에서 1분간 굽는다.
◎ 냉동 생새우살은 찬물에 담가
해동한 후 사용한다.

2 볼에 칠리 소스 재료를 넣어
골고루 섞는다.

3 구운 식빵의 1장의 한쪽 면에서
기본 스프레드를, 다른 1장의
한쪽 면에는 마요네즈를 펴 바른다.
◎ 기본 스프레드는 기호에 따라
가감한다.

4 유산지 위에 마요네즈를 바른 식빵을
올린다. 그 위에 슬라이스 치즈,
구운 새우를 올리고 칠리 소스를 고루
뿌린다.

5 양상추와 로메인, 토마토 슬라이스,
채 썬 적양배추를 올린 후 기본
스프레드를 바른 식빵으로 덮는다.
유산지로 샌드위치를 감싸 2등분한다.
◎ 유산지로 포장하기 20쪽

어니언 쉬림프 샌드위치
_ 레시피 86쪽

갈릭 쉬림프 샌드위치
_ 레시피 87쪽

볶은 양파를 곁들여 건강함을 더한

어니언 쉬림프 샌드위치

[기본 재료 준비하기]

 + +

식빵 굽기   기본 스프레드 만들기   채소 손질하기
15쪽   16쪽   18쪽

- 구운 식빵 2장
- 기본 스프레드 1큰술
- 토마토 슬라이스 1개(1cm 두께, 60~80g)
- 양상추 + 로메인 약 8장(60g)
- 채 썬 적양배추 약 2장(25g)

[만들기] 1인분 / 25~30분

추가 속재료
- 슬라이스 치즈 1장
- 냉동 생새우살 7~8개(4~5cm 사이즈)
- 채 썬 양파 1/4개(30g)
- 식용유 1작은술
- 마요네즈 1작은술

1   냉동 생새우살은 찬물에 담가 해동한다.

2   달군 팬에 식용유를 두르고
해동한 생새우살, 양파를 올려
중강 불에서 1분간 굽는다.

3   구운 식빵의 1장의 한쪽 면에서
기본 스프레드를, 다른 1장의
한쪽 면에는 마요네즈를 펴 바른다.
◎ 기본 스프레드는 기호에 따라
가감한다.

4   유산지 위에 마요네즈를 바른 식빵을
올린다. 그 위에 슬라이스 치즈,
②의 구운 새우와 양파를 올린다.

5   양상추와 로메인, 토마토 슬라이스,
채 썬 적양배추를 올린 후 기본
스프레드를 바른 식빵으로 덮는다.
유산지로 샌드위치를 감싸 2등분한다.
◎ 유산지로 포장하기 20쪽

바삭한 갈릭칩과 새우향을 가득 담은

갈릭 쉬림프 샌드위치

[기본 재료 준비하기]

- 구운 식빵 2장
- 기본 스프레드 1큰술
- 토마토 슬라이스 1개(1cm 두께, 60~80g)
- 양상추 + 로메인 약 8장(60g)
- 채 썬 적양배추 약 2장(25g)

 + +

식빵 굽기
15쪽

기본 스프레드 만들기
16쪽

채소 손질하기
18쪽

[만들기] 1인분 / 25~30분

추가 속재료

- 슬라이스 치즈 1장
- 냉동 생새우살 7~8개(4~5cm 사이즈)
- 갈릭칩 1큰술
- 식용유 1작은술
- 마요네즈 1작은술

Tip. 홈메이드 갈릭칩 만들기

마늘을 얇게 편 썬 후 찬물에 담가
아린맛을 제거해요. 키친타월에 올려
물기를 없앤 후 올리브유에 버무려
에어프라이어에서 180~190℃에서
10~15분간 구우면 바삭한 갈릭칩을
만들 수 있어요. 남은 갈릭칩은 샐러드나
피자, 토스트 토핑으로 활용 가능하고
밀폐용기에 담아 실온에서 3일간 보관
가능해요.

1 냉동 생새우살은 찬물에 담가 해동한다.

2 달군 팬에 식용유를 두르고
해동한 생새우살을 올려
중강 불에서 1분간 굽는다.

3 구운 식빵의 1장의 한쪽 면에서
기본 스프레드를, 다른 1장의
한쪽 면에는 마요네즈를 펴 바른다.
◎ 기본 스프레드는 기호에 따라 가감한다.

4 유산지 위에 마요네즈를 바른 식빵을
올린다. 그 위에 슬라이스 치즈,
②의 구운 새우, 갈릭칩을 올린다.

5 양상추와 로메인, 토마토 슬라이스,
채 썬 적양배추를 올린 후 기본
스프레드를 바른 식빵으로 덮는다.
유산지로 샌드위치를 감싸 2등분한다.
◎ 유산지로 포장하기 20쪽

크림치즈와 훈제연어의 맛있는 조합
크림치즈 연어 샌드위치

- 구운 식빵 2장
- 기본 스프레드 1큰술
- 토마토 슬라이스 1개(1cm 두께, 60~80g)
- 양상추 + 로메인 약 8장(60g)
- 채 썬 적양배추 약 2장(25g)

식빵 굽기
15쪽

기본 스프레드 만들기
16쪽

채소 손질하기
18쪽

[만들기] 1인분 / 10~15분

추가 속재료
- 슬라이스 훈제연어 3줄(30g)
- 실온에 둔 크림치즈 2큰술

1 구운 식빵의 1장의 한쪽 면에서
기본 스프레드를 , 다른 1장의 한쪽 면에는
실온에 둔 크림치즈를 펴 바른다.
◎ 기본 스프레드는 기호에 따라
가감한다.

2 유산지 위에 크림치즈를 바른 식빵을
올린다. 그 위에
슬라이스 훈제연어를 올린다.

Tip. 올리브 크림치즈 연어 샌드위치,
크랜베리 크림치즈 연어 샌드위치,
허니콘 크림치즈 연어 샌드위치로 즐기기

3 양상추와 로메인, 토마토 슬라이스,
채 썬 적양배추를 올린 후 기본
스프레드를 바른 식빵으로 덮는다.
유산지로 샌드위치를 감싸 2등분한다.
◎ 유산지로 포장하기 20쪽

1. 올리브 크림치즈 연어 샌드위치(90쪽)
블랙 올리브 3개를 잘게 다져서
실온에 둔 크림치즈와 섞은 후
나머지 과정은 동일하게 만들어요.

2. 크랜베리 크림치즈 연어 샌드위치(90쪽)
건 크랜베리 1작은술을 실온에 둔
크림치즈와 섞은 후 나머지 과정은
동일하게 만들어요.

3. 허니콘 크림치즈 연어 샌드위치(91쪽)
통조림 옥수수 1큰술, 꿀 1/2작은술을
실온에 둔 크림치즈와 섞은 후
나머지 과정은 동일하게 만들어요.

올리브 크림치즈 연어
샌드위치 _ 레시피 89쪽

크랜베리 크림치즈 연어
샌드위치 _ 레시피 89쪽

허니콘 크림치즈 연어
샌드위치 _ 레시피 89쪽

Chapter
3

부담감 없이
채소를 가득 채운

채소 듬뿍 샌드위치

아삭한 식감의 채소와 맛있는 스프레드의 조화!
가볍고 깔끔하게 즐기기 좋은 채소가 꽉 찬 샌드위치,
먹을수록 건강해지는 샌드위치를 만나보세요!

샌드위치의 기본!

햄 치즈 샌드위치

- 구운 식빵 2장
- 기본 스프레드 3큰술
- 토마토 슬라이스 1개(1cm 두께, 60~80g)
- 양상추 + 로메인 약 8장(60g)
- 채 썬 적양배추 약 2장(25g)

식빵 굽기
15쪽

기본 스프레드 만들기
16쪽

채소 손질하기
18쪽

[만들기] 1인분 / 10~15분

추가 속재료
- 슬라이스 치즈 2장
- 슬라이스 햄 3장

1 구운 식빵의 한쪽 면에
기본 스프레드를 1큰술씩 나눠 바른다.
◎ 기본 스프레드는 기호에 따라
가감한다.

2 유산지 위에 기본 스프레드를 바른
식빵을 올린다. 그 위에 슬라이스 치즈,
슬라이스 햄을 올린다.

3 채 썬 적양배추를 올리고
기본 스프레드 1큰술을 펴 바른다.

4 토마토 슬라이스, 양상추와 로메인을
올린 후 나머지 식빵으로 덮는다.
유산지로 샌드위치를 감싸 2등분한다.
◎ 유산지로 포장하기 20쪽

Tip. 햄 에그 치즈 샌드위치로 즐기기

삶은 달걀 1개를 0.5cm 두께로 썰거나,
에그 슬라이서로 썰어서 과정 ②에서
슬라이스 치즈 다음에 넣어도 좋아요.

향긋한 수제 바질 페스토를 듬뿍 곁들인

바질 햄 치즈 샌드위치

[기본 재료 준비하기]

- 구운 식빵 2장
- 기본 스프레드 2큰술
- 토마토 슬라이스 1개(1cm 두께, 60~80g)
- 양상추 + 로메인 약 8장(60g)
- 채 썬 적양배추 약 2장(25g)

 + +

식빵 굽기   기본 스프레드 만들기   채소 손질하기
15쪽   16쪽   18쪽

[만들기] 1인분 / 10~15분

추가 속재료

- 슬라이스 치즈 2장
- 슬라이스 햄 3장
- 바질 페스토 1작은술 + 약간
  ◎ 만들기 17쪽

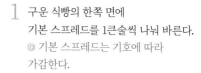

1 구운 식빵의 한쪽 면에
기본 스프레드를 1큰술씩 나눠 바른다.
◎ 기본 스프레드는 기호에 따라
가감한다.

2 유산지 위에 기본 스프레드를 바른
식빵을 올린다. 그 위에 슬라이스 치즈,
슬라이스 햄을 올린다.

3 채 썬 적양배추를 올리고
바질 페스토 1작은술을 뿌린다.

4 그 위에 토마토 슬라이스,
양상추와 로메인을 올린 후
나머지 식빵으로 덮는다. 유산지로
샌드위치를 감싸 2등분한다.
◎ 유산지로 포장하기 20쪽

5 2등분한 샌드위치 단면에
바질 페스토를 약간씩 뿌린다.

바질 페스토와 모짜렐라의 럭셔리한 조합

바질 모짜렐라 샌드위치

[기본 재료 준비하기]

- 구운 식빵 2장
- 기본 스프레드 1큰술
- 토마토 슬라이스 1개(0.7cm 두께, 50~70g)
- 양상추 + 로메인 약 7장(50g)
- 채 썬 적양배추 약 2장(25g)

식빵 굽기
15쪽

기본 스프레드 만들기
16쪽

채소 손질하기
18쪽

[만들기] 1인분 / 10~15분

추가 속재료

- 생 모짜렐라 2조각
- 바질 페스토 1작은술
  ◎ 만들기 17쪽

1 생 모짜렐라는 0.7cm 두께로 썬다.

2 구운 식빵의 1장의 한쪽 면에서 기본 스프레드를, 다른 1장의 한쪽 면에는 바질 페스토를 펴 바른다. ◎ 기본 스프레드와 바질 페스토는 기호에 따라 가감한다.

3 유산지 위에 바질 페스토를 바른 식빵을 올린다. 그 위에 생 모짜렐라, 토마토 슬라이스를 올린다.

4 양상추와 로메인, 채 썬 적양배추를 올린 후 기본 스프레드를 바른 식빵으로 덮는다. 유산지로 샌드위치를 감싸 2등분한다.
◎ 유산지로 포장하기 20쪽

Tip. 남은 생 모짜렐라 보관하기

사용 후 남은 생 모짜렐라는 랩에 감싸
지퍼백에 넣어 냉장 보관해요.
가능한 빨리 먹는 것이 좋고, 샐러드나
피자에 활용해도 잘 어울려요.

감자의 고소함을 두배로 더한
더블 해시브라운 샌드위치

[기본 재료 준비하기]

· 구운 식빵 2장
· 기본 스프레드 2큰술
· 토마토 슬라이스 1개(1cm 두께, 60~80g)
· 양상추 + 로메인 약 10장(70g)
· 채 썬 적양배추 약 2장(25g)

 + +

식빵 굽기
15쪽

기본 스프레드 만들기
16쪽

채소 손질하기
18쪽

[만들기] 1인분 / 20~25분

추가 속재료
· 냉동 해시브라운 2장(110g)
· 슬라이스 치즈 2장
· 식용유 1/2컵(100㎖)

칠리 소스
· 스위트 칠리 소스 1큰술
· 토마토케첩 1작은술

Tip. 해시브라운 제품 고르기

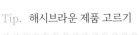

해시(hash)는 '잘게 썬다'는 의미이고
브라운(brown)은 '갈색으로 굽는다'라는
뜻으로 감자를 잘게 채친 듯이 썰어서
버터와 오일을 두른 팬에 동그랗게 모양을
잡아 갈색이 나게 구운 요리로 아침식사로
인기있는 메뉴예요. 간편하게 사용할 수
있도록 냉동 제품을 선택하고,
감자 함량이 높은 제품으로 고르세요.

1 팬에 식용유를 붓고 190℃로 달군다.
해시브라운을 넣고 2분간 튀긴다.
키친타월에 올려 기름기를 제거한다.

2 볼에 칠리 소스 재료를 넣어
골고루 섞는다.

3 구운 식빵의 한쪽 면에
기본 스프레드를 1큰술씩 나눠 바른다.
◎ 기본 스프레드는 기호에 따라
가감한다.

4 유산지 위에 기본 스프레드를 바른
식빵을 올린다. 그 위에 슬라이스 치즈,
해시브라운 1개를 올리고
칠리 소스 1/2분량을 펴 바른 후
나머지 해시브라운을 올리고
남은 칠리 소스를 바른다.

5 채 썬 적양배추, 토마토 슬라이스,
양상추와 로메인을 올린 후
나머지 식빵으로 덮는다. 유산지로
샌드위치를 감싸 2등분한다.
◎ 유산지로 포장하기 20쪽

아보카도 샌드위치
_ 레시피 104쪽

카프레제 샌드위치
_ 레시피 105쪽

멋스러운 한끼 식사같이 폼나는
아보카도 샌드위치

[기본 재료 준비하기]

- 구운 통밀식빵 2장
- 기본 스프레드 1큰술 + 1작은술
- 토마토 슬라이스 1개(0.7cm 두께, 50~70g)
- 양상추 + 로메인 약 7장(50g)
- 채 썬 적양배추 약 2장(25g)

 + +

식빵 굽기　　　기본 스프레드 만들기　　　채소 손질하기
15쪽　　　　　　16쪽　　　　　　　　　18쪽

[만들기]　1인분 / 15~20분

추가 속재료

- 슬라이스 치즈 1장
- 아보카도 1/2개
- 마요네즈 1작은술

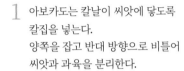

1　아보카도는 칼날이 씨앗에 닿도록
　칼집을 넣는다.
　양쪽을 잡고 반대 방향으로 비틀어
　씨앗과 과육을 분리한다.

2　아보카도의 껍질과 씨앗을 제거하고
　0.5cm 두께로 썬다.

3　구운 통밀식빵의 1장의 한쪽 면에서
　기본 스프레드 1큰술을, 다른 1장의
　한쪽 면에는 마요네즈를 펴 바른다.
　◎ 기본 스프레드는 기호에 따라
　가감한다.

4　유산지 위에 마요네즈를 바른
　통밀식빵을 올린다. 그 위에
　슬라이스 치즈, 아보카도를 올리고
　기본 스프레드 1작은술을 올린다.

Tip.　남은 아보카도 보관하기

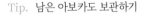

아보카도의 갈변을 막기 위해 단면에
레몬즙을 바른 후 랩으로 감싸 보관해요.
가능한 빨리 먹는게 좋아요. 샐러드,
스무디, 토스트 등으로 활용해보세요.

5　그 위에 채 썬 적양배추, 토마토
　슬라이스, 양상추와 로메인을 올린 후
　기본 스프레드를 바른 통밀식빵으로
　덮는다. 유산지로 샌드위치를 감싸
　2등분한다.
　◎ 유산지로 포장하기 20쪽

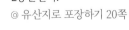

건강한 맛과 멋을 한껏 담은 이태리식 샌드위치
카프레제 샌드위치

[기본 재료 준비하기]

- 구운 통밀식빵 2장
- 기본 스프레드 1큰술
- 토마토 슬라이스 2개(0.4cm 두께, 30~50g)
- 양상추 + 로메인 약 7장(50g)
- 채 썬 적양배추 약 2장(25g)

식빵 굽기   기본 스프레드 만들기   채소 손질하기
15쪽   16쪽   18쪽

[만들기] 1인분 / 15~20분

추가 속재료
- 슬라이스 치즈 1장
- 생 모짜렐라 2조각
- 마요네즈 1작은술
- 시판 발사믹 크림 약간(또는 발사믹 식초
  1작은술 + 올리고당 1작은술, 생략 가능)

1   생 모짜렐라는 0.7cm 두께로 썬다.
◎ 남은 생 모짜렐라 보관 및 활용하기
99쪽 팁 참고

2   구운 통밀식빵의 1장의 한쪽 면에서
기본 스프레드를, 다른 1장의
한쪽 면에는 마요네즈를 펴 바른다.
◎ 기본 스프레드는 기호에 따라
가감한다.

3   유산지 위에 마요네즈를 바른
통밀식빵을 올린다. 그 위에 슬라이스
치즈, 생 모짜렐라, 토마토 슬라이스,
생 모짜렐라, 토마토 슬라이스 순으로
올린다.

4   그 위에 양상추와 로메인,
채 썬 적양배추를 올린 후
기본 스프레드를 바른 통밀식빵으로
덮는다. 유산지로 샌드위치를 감싸
2등분한다.
◎ 유산지로 포장하기 20쪽

Tip.   발사믹 크림 활용하기
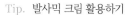

발사믹 크림은 발사믹 식초에 꿀이나
설탕을 넣어 조린 것을 뜻해요. 발사믹
식초보다 신맛이 덜하고 단맛이 강하죠.
농도도 진한 편이라 소스로 활용하기
좋습니다. 샐러드에 활용하거나
케이크같은 디저트와도 잘 어울려요.

5   2등분한 샌드위치 단면에
발사믹 크림을 뿌린다.

바질 토마토 베이컨
샌드위치 _ 레시피 108쪽

바질 토마토 베이컨 모짜렐라
샌드위치 _ 레시피 109쪽

브런치 메뉴의 1등을 샌드위치 속으로

바질 토마토 베이컨 샌드위치

[기본 재료 준비하기]

- 구운 식빵 2장
- 기본 스프레드 1큰술
- 토마토 슬라이스 1개(1cm 두께, 60~80g)
- 양상추 + 로메인 약 7장(50g)
- 채 썬 적양배추 약 2장(25g)

 + +

식빵 굽기
15쪽

기본 스프레드 만들기
16쪽

채소 손질하기
18쪽

[만들기] 1인분 / 20~25분

추가 속재료
- 슬라이스 치즈 1장
- 루꼴라 1줌(10g, 또는 로메인)
- 바질 페스토 1작은술
  ◎ 만들기 17쪽

베이컨 토마토 소스
- 베이컨 2줄(35g)
- 토마토 1/4개(40g)
- 시판 토마토 소스 2큰술

1 베이컨 토마토 소스용 베이컨, 토마토는
1cm 두께로 썬다.

2 달군 팬에 베이컨 토마토 소스 재료를
모두 넣고 중강 불에서 2분간 자작하게
볶는다.

3 구운 식빵의 1장의 한쪽 면에서
기본 스프레드를, 다른 1장의 한쪽 면에는
바질 페스토를 펴 바른다.
◎ 기본 스프레드와 바질 페스토는
기호에 따라 가감한다.

4 유산지 위에 바질 페스토를 바른 식빵을
올린다. 그 위에 슬라이스 치즈, 베이컨
토마토 소스, 루꼴라를 올린다.

5 채 썬 적양배추, 토마토 슬라이스,
양상추와 로메인을 올리고
기본 스프레드를 바른 식빵으로 덮는다.
유산지로 샌드위치를 감싸 2등분한다.
◎ 유산지로 포장하기 20쪽

맛있는 재료의 총 집합! 샌드위치계의 어벤져스

바질 토마토 베이컨 모짜렐라 샌드위치

[기본 재료 준비하기]

- 구운 식빵 2장
- 기본 스프레드 1큰술
- 토마토 슬라이스 1개(1cm 두께, 60~80g)
- 양상추 + 로메인 약 7장(50g)
- 채 썬 적양배추 약 2장(25g)

 + +

식빵 굽기
15쪽

기본 스프레드 만들기
16쪽

채소 손질하기
18쪽

[만들기] 1인분 / 20~25분

추가 속재료

- 생 모짜렐라 치즈 2와 1/2개(75g)
- 루꼴라 1줌(10g, 또는 로메인)
- 바질 페스토 1작은술
  ◎ 만들기 17쪽

베이컨 토마토 소스

- 베이컨 2줄(35g)
- 토마토 1/4개(40g)
- 시판 토마토 소스 2큰술

1 베이컨 토마토 소스용 베이컨, 토마토는 1cm 두께로 썬다. 생 모짜렐라는 0.7cm 두께로 썬다. ◎ 남은 생 모짜렐라 보관 및 활용하기 99쪽 팁 참고

2 달군 팬에 베이컨 토마토 소스 재료를 모두 넣고 중강 불에서 2분간 자작하게 볶는다.

3 구운 식빵의 1장의 한쪽 면에서 기본 스프레드를, 다른 1장의 한쪽 면에는 바질 페스토를 펴 바른다. ◎ 기본 스프레드와 바질 페스토는 기호에 따라 가감한다.

4 유산지 위에 바질 페스토를 바른 식빵을 올린다. 그 위에 생 모짜렐라, 베이컨 토마토 소스, 루꼴라를 올린다.

5 채 썬 적양배추, 토마토 슬라이스, 양상추와 로메인을 올리고 기본 스프레드를 바른 식빵으로 덮는다. 유산지로 샌드위치를 감싸 2등분한다. ◎ 유산지로 포장하기 20쪽

Chapter
4

다채로운 맛과 식감!

토핑 핫도그

누구나 언제든지 어디서나 쉽고 빠르게 만드는 매력적인 토핑 핫도그!
기본 핫도그빵, 소시지, 소스의 조합에 어울리는 다양한 토핑을 소개할게요.
남녀노소, 식사와 간식으로 사랑받으며 평범하지만 평범하지 않은
비주얼 만점인 핫도그입니다.

달콤한 옥수수가 톡톡!

콘 핫도그

[기본 재료 준비하기]

- 따뜻한 핫도그빵 1개
- 데친 프랑크 소시지 1개(75g)
- 피클 소스 2작은술
- 마요 소스 1작은술

핫도그빵 데우기
22쪽

소시지 데우기
25쪽

피클 소스, 마요 소스
만들기 23쪽

[만들기] 1인분 / 10~15분

토핑
- 통조림 옥수수 1큰술
- 청상추 2~3장(또는 양상추)
- 마요네즈 약간
- 허니 머스터드 약간
- 토마토케첩 약간
- 파슬리 가루 약간(생략 가능)

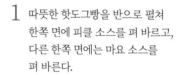

1 따뜻한 핫도그빵을 반으로 펼쳐
한쪽 면에 피클 소스를 펴 바르고,
다른 한쪽 면에는 마요 소스를
펴 바른다.

2 핫도그빵 사이에 청상추를 올린 후
데친 프랑크 소시지를 올린다.

3 마요네즈, 허니 머스터드, 토마토케첩을
기호에 따라 뿌린다.

4 통조림 옥수수를 골고루 올린 후
파슬리 가루를 뿌린다.

Tip. 남은 통조림 옥수수 보관하기

남은 통조림 옥수수는 밀폐용기에 옮겨
담아 냉장 보관해요. 담겨 있는 국물을
함께 보관해도 좋고, 옥수수만 건져서
보관해도 좋아요. 냉장 보관 후 3일 안에
먹는 것이 좋습니다.

그라나파다노 치즈가 눈처럼 소복하게 쌓인

치즈 듬뿍 핫도그

[기본 재료 준비하기]

· 따뜻한 핫도그빵 1개
· 데친 프랑크 소시지 1개(75g)
· 피클 소스 2작은술
· 마요 소스 1작은술

 + +

핫도그빵 데우기　　소시지 데우기　　피클 소스, 마요 소스
22쪽　　　　　　　 25쪽　　　　　　 만들기 23쪽

[만들기] 1인분 / 10~15분

토핑

· 청상추 2~3장(또는 양상추)
· 그라나파다노 치즈 간 것 5g
· 마요네즈 약간
· 허니 머스터드 약간

Tip. 그라나파다노 치즈 활용하기

이탈리아의 파다나 평야에서 난 우유를
가열 압착하여 오래 숙성시킨 단단한
치즈입니다. 주로 피자나 파스타, 샐러드에
곁들여 먹어요. 치즈 그래이터로 갈거나
강판, 감자칼로 깎아서 사용하면 됩니다.
남은 치즈는 랩으로 잘 싸준 다음
지퍼백에 넣어서 냉장실에 보관해요.

1 따뜻한 핫도그빵을 반으로 펼쳐
　 한쪽 면에 피클 소스를 펴 바르고,
　 다른 한쪽 면에는 마요 소스를
　 펴 바른다.

2 핫도그빵 사이에 청상추를 올린 후
　 데친 프랑크 소시지를 올린다.

3 마요네즈, 허니 머스터드를
　 기호에 따라 뿌린다.

4 그라나파다노 치즈 간 것을 올린다.
　 ⊙ 기호에 따라 가감한다.

데리야키치킨 핫도그
_레시피 118쪽

에그 핫도그
_레시피 119쪽

단짠 데리야키 소스 닭가슴살을 듬뿍 올린
데리야키치킨 핫도그

[기본 재료 준비하기]

- 따뜻한 핫도그빵 1개
- 데친 프랑크 소시지 1개(75g)
- 피클 소스 2작은술
- 마요 소스 1작은술

핫도그빵 데우기
22쪽

+

소시지 데우기
25쪽

+

피클 소스, 마요 소스
만들기 23쪽

[만들기] 1인분 / 15~20분

토핑

- 완조리 닭가슴살 1/4개(30g)
- 시판 데리야키 소스 1큰술
- 양파 1/5개(20g)
- 청상추 2~3장(또는 양상추)
- 식용유 1작은술
- 마요네즈 약간
- 파슬리 가루 약간(생략 가능)

1 양파는 0.5cm 두께로 채 썬다.

2 완조리 닭가슴살을 0.5cm 굵기로
   결대로 찢어 데리야키 소스에 버무린다.
   ◎ 일반 생 닭가슴살을 사용할 경우,
   끓는 물 3컵에 월계수잎, 통후추,
   닭가슴살을 넣어 3분간 데친 후 한김
   식혀 사용한다.

3 달군 팬에 식용유를 두르고
   양파, 닭가슴살을 넣어 중강 불에서
   1분간 볶는다.

4 따뜻한 핫도그빵을 반으로 펼쳐
   한쪽 면에 피클 소스를 펴 바르고,
   다른 한쪽 면에는 마요 소스를
   펴 바른다.

Tip. 홈메이드 데리야키 소스 만들기

양조간장 1큰술, 설탕 2작은술, 맛술
2작은술, 물 2작은술을 팬에 넣고
살짝 끓여요. 이때, 단맛은 설탕으로
가감해도 됩니다. 레시피 분량만큼 더하고
남은 소스는 냉장 보관 후 사용하세요.

5 핫도그빵 사이에 청상추를 올린 후
   데친 프랑크 소시지를 올린다. ③의
   데리야키치킨을 올리고, 마요네즈,
   파슬리 가루를 기호에 따라 뿌린다.

삶은 달걀로 채우는 건강한 포만감

에그 핫도그

[기본 재료 준비하기]

· 따뜻한 핫도그빵 1개
· 데친 프랑크 소시지 1개(75g)
· 피클 소스 2작은술
· 마요 소스 1작은술

핫도그빵 데우기
22쪽

소시지 데우기
25쪽

피클 소스, 마요 소스
만들기 23쪽

[만들기] 1인분 / 10~15분

토핑

· 삶은 달걀 1개
· 청상추 2~3장(또는 양상추)
· 마요네즈 약간
· 허니 머스터드 약간
· 토마토케첩 약간
· 파슬리 가루 약간(생략 가능)

1 삶은 달걀은 에그 슬라이서(27쪽)로
자르거나 0.5cm 두께로 썬다.

2 따뜻한 핫도그빵을 반으로 펼쳐
한쪽 면에 피클 소스를 펴 바르고,
다른 한쪽 면에는 마요 소스를
펴 바른다.

3 핫도그빵 사이에 청상추를 올린 후
데친 프랑크 소시지를 올린다.

4 그 옆에 삶은 달걀을 가지런히 올린다.

5 마요네즈, 허니 머스터드, 토마토케첩을
기호에 따라 뿌린 후 파슬리 가루를
곁들인다.

매콤한 맛으로 식욕을 당기는
할라피뇨 핫도그

[기본 재료 준비하기]

· 따뜻한 핫도그빵 1개
· 데친 프랑크 소시지 1개(75g)
· 피클 소스 2작은술
· 마요 소스 1작은술

 + +

핫도그빵 데우기
22쪽

소시지 데우기
25쪽

피클 소스, 마요 소스
만들기 23쪽

[만들기] 1인분 / 10~15분

토핑

· 청상추 2~3장(또는 양상추)
· 할라피뇨 3개(5g~10g,
  기호에 따라 가감)
· 마요네즈 약간
· 토마토케첩 약간

1 할라피뇨는 잘게 다진다.

2 따뜻한 핫도그빵을 반으로 펼쳐
한쪽 면에 피클 소스를 펴 바르고,
다른 한쪽 면에는 마요 소스를
펴 바른다.

3 핫도그빵 사이에 청상추를 올린 후
데친 프랑크 소시지를 올린다.

4 마요네즈, 토마토케첩을 기호에 따라
뿌린다.

5 다진 할라피뇨를 올린다.

Tip. 다진 할라피뇨 활용하기

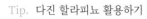

매운 맛을 좋아한다면 다른 핫도그에도
다진 할리피뇨를 곁들여도 좋아요.
할라피뇨는 짠맛과 매운맛을 가지고 있어
핫도그에 감칠맛을 더해줘요.

매운 치킨 위에 부드러운 마요네즈를 듬뿍!

핫치킨 핫도그

[기본 재료 준비하기]

· 따뜻한 핫도그빵 1개
· 데친 프랑크 소시지 1개(75g)
· 피클 소스 2작은술
· 마요 소스 1작은술

 + +

핫도그빵 데우기   소시지 데우기   피클 소스, 마요 소스
22쪽   25쪽   만들기 23쪽

[만들기] 1인분 / 15~20분

토핑
· 완조리 닭가슴살 1/4개(30g)
· 청상추 2~3장(또는 양상추)
· 마요네즈 약간
· 파슬리 가루 약간(생략 가능)

핫치킨 소스
· 토마토 페이스트 3/4큰술
　(또는 토마토 으깬 것)
· 스리라차 1큰술
· 올리고당 1작은술

1 볼에 핫치킨 소스 재료를 넣어 섞는다.

2 완조리 닭가슴살을 결대로 잘게 찢는다.
　핫치킨 소스 1과 1/3큰술을 넣어 버무린다.
　◎ 일반 생 닭가슴살을 사용할 경우, 끓는
　물 3컵에 월계수잎, 통후추, 닭가슴살을
　넣어 3분간 데친 후 한김 식혀 사용한다.

3 따뜻한 핫도그빵을 반으로 펼쳐
　한쪽 면에 피클 소스를 펴 바르고,
　다른 한쪽 면에는 마요 소스를
　펴 바른다.

4 핫도그빵 사이에 청상추를 올린 후
　데친 프랑크 소시지를 올린다.

Tip. 남은 핫치킨 소스 활용하기

〰〰〰〰〰〰〰〰〰〰

매콤한 맛이 입맛을 돋우는 소스예요.
군만두나 튀김을 찍어 먹거나 프라이드
치킨이나 너겟에도 잘 어울려요.
남은 소스는 밀폐용기에 넣어 7일간
냉장 보관 가능합니다.

5 ②의 핫치킨을 올린다.
　마요네즈, 파슬리 가루를
　기호에 따라 뿌린다.

부드러운 크래미로 감칠맛을 더한
크래미 핫도그

[기본 재료 준비하기]

· 따뜻한 핫도그빵 1개
· 데친 프랑크 소시지 1개(75g)
· 피클 소스 2작은술
· 마요 소스 1작은술

 + +

핫도그빵 데우기
22쪽

소시지 데우기
25쪽

피클 소스, 마요 소스
만들기 23쪽

[만들기] 1인분 / 10~15분

토핑
· 크래미 2개(40g)
· 청상추 2~3장(또는 양상추)
· 마요네즈 약간
· 토마토케첩 약간
· 파슬리 가루 약간(생략 가능)

1 크래미는 결대로 잘게 찢는다.

2 따뜻한 핫도그빵을 반으로 펼쳐
한쪽 면에 피클 소스를 펴 바르고,
다른 한쪽 면에는 마요 소스를
펴 바른다.

3 핫도그빵 사이에 청상추를 올린 후
데친 프랑크 소시지를 올린다.

4 잘게 찢은 크래미를 올린다.

5 마요네즈, 토마토케첩, 파슬리 가루를
기호에 따라 뿌린다.

갈릭 핫도그
_ 레시피 128쪽

불고기 핫도그
_레시피 129쪽

어니언 핫도그
_레시피 130쪽

바삭한 마늘칩이 입안 가득!

갈릭 핫도그

[기본 재료 준비하기]

· 따뜻한 핫도그빵 1개
· 데친 프랑크 소시지 1개(75g)
· 피클 소스 2작은술
· 마요 소스 1작은술

핫도그빵 데우기
22쪽

소시지 데우기
25쪽

피클 소스, 마요 소스
만들기 23쪽

[만들기] 1인분 / 10~15분

토핑

· 갈릭칩 1큰술
· 청상추 2~3장(또는 양상추)
· 마요네즈 약간
· 토마토케첩 약간
· 파슬리 가루 약간(생략 가능)

1 따뜻한 핫도그빵을 반으로 펼쳐
한쪽 면에 피클 소스를 펴 바르고,
다른 한쪽 면에는 마요 소스를
펴 바른다.

2 핫도그빵 사이에 청상추를 올린 후
데친 프랑크 소시지를 올린다.

3 갈릭칩을 올린다.

4 마요네즈, 토마토케첩, 파슬리 가루를
기호에 따라 뿌린다.

Tip. 갈릭칩 만들기

마늘을 얇게 편 썬 후 찬물에 담가
아린맛을 제거해요. 키친타월에 올려
물기를 없앤 후 올리브유에 버무려
에어프라이어에서 180~190℃에서
10~15분간 구우면 바삭한 갈릭칩을
만들 수 있어요. 남은 갈릭칩은 샐러드나
피자, 토스트 토핑으로 활용 가능하고
밀폐용기에 담아 실온에서 3일간 보관
가능해요.

남녀노소 누구나 좋아하는 맛
불고기 핫도그

[기본 재료 준비하기]

· 따뜻한 핫도그빵 1개
· 데친 프랑크 소시지 1개(75g)
· 피클 소스 2작은술
· 마요 소스 1작은술

핫도그빵 데우기
22쪽

소시지 데우기
25쪽

피클 소스, 마요 소스
만들기 23쪽

[만들기] 1인분 / 15~20분

토핑

· 불고기용 쇠고기 70g
· 시판 불고기 양념 1큰술
  ◎ 홈메이드 불고기 양념 만들기 47쪽
· 청상추 2~3장(또는 양상추)
· 식용유 1작은술
· 마요네즈 약간
· 파슬리 가루 약간(생략 가능)

1 달군 팬에 식용유를 두르고
쇠고기, 불고기 양념을 넣어
중강 불에서 1분간 볶는다.

2 따뜻한 핫도그빵을 반으로 펼쳐
한쪽 면에 피클 소스를 펴 바르고,
다른 한쪽 면에는 마요 소스를
펴 바른다.

3 핫도그빵 사이에 청상추를 올린 후
데친 프랑크 소시지를 올린다.

4 ①의 불고기를 올린다.
마요네즈, 파슬리 가루를
기호에 따라 뿌린다.

바삭한 양파칩과 아삭한 생양파가 듬뿍 올라간

어니언 핫도그

[기본 재료 준비하기]

- 따뜻한 핫도그빵 1개
- 데친 프랑크 소시지 1개(75g)
- 피클 소스 2작은술
- 마요 소스 1작은술

핫도그빵 데우기
22쪽

소시지 데우기
25쪽

피클 소스, 마요 소스
만들기 23쪽

[만들기] 1인분 / 10~15분

토핑
- 적양파 1/5개(20g, 또는 양파)
- 양파칩 1큰술
- 청상추 2~3장(또는 양상추)
- 마요네즈 약간
- 토마토케첩 약간

1 적양파는 0.2cm 두께로 얇게
슬라이스한다.

2 따뜻한 핫도그빵을 반으로 펼쳐
한쪽 면에 피클 소스를 펴 바르고,
다른 한쪽 면에는 마요 소스를
펴 바른다.

3 핫도그빵 사이에 청상추를 올린 후
데친 프랑크 소시지를 올린다.

4 적양파 슬라이스를 올린다.

5 마요네즈, 토마토케첩을 기호에 따라
뿌리고 양파칩을 곁들인다.

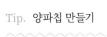
Tip. 양파칩 만들기

얇게 썬 양파에 밀가루, 소금 약간,
카레가루 약간을 넣어 골고루 묻혀요.
냄비에 기름을 붓고 달군 후 양파를
넣고 갈색이 나도록 센 불에서 튀긴 후
키친타월에 올려 기름기를 뺀 후
사용해요. 남은 양파칩은
샐러드 토핑으로 활용해도 좋아요.
밀폐용기에 담아 3일간 실온 보관 가능해요.

샌드위치 & 핫도그를
만들고 남은 재료를 활용한
사이드 메뉴

양상추 샐러드와 기본 드레싱
_ 레시피 134쪽

토마토 살사 소스
_ 레시피 134쪽

적양배추 코울슬로
_ 레시피 134쪽

133

양상추 샐러드와 기본 드레싱

샌드위치에 아삭한 샐러드를 곁들이고 싶다면 따로 재료를 준비할 필요가 없어요.
샌드위치를 만들고 남은 양상추와 로메인에 기본 스프레드를 상큼한 드레싱으로 즐길 수 있답니다.

◎ 기본 스프레드 레시피 16쪽

토마토 살사 소스

샌드위치에 들어가는 토마토는 반듯해야 하죠.
그래서 토마토 자투리가 남기 마련인데요,
버리지 말고 살사 소스로 활용해보세요. 샌드위치나
핫도그에 곁들여 먹어도 좋답니다.

[재료]

· 토마토 1/2개(120g)
· 양파 1/4개(30g)
· 다진 할라피뇨 1큰술(10g, 기호에 따라 가감)
· 레몬즙 2큰술
· 꿀 2큰술
· 올리브유 2큰술
· 소금 약간
· 후춧가루 약간

1 토마토는 사방 1cm 크기로 다지고,
  양파는 잘게 다진다.
2 볼에 모든 재료를 넣고 골고루 버무린다.

적양배추 코울슬로

속재료로 활용하고 남은 적양배추로 코울슬로를
만들어보세요. 입안을 개운하게 해주는 샐러드가 될 거예요.

[재료]

· 얇게 슬라이스한 적양배추 약 1/4개(100g, 또는 양배추)
· 얇게 슬라이스한 양파 약 1/2개(20g)
· 통조림 옥수수 1/2컵(100g)
· 마요네즈 3큰술
· 소금 1/3작은술
· 설탕 1작은술

1 볼에 적양배추, 양파, 소금을 넣고
  버무려 10분간 절인다.
2 나머지 재료를 넣고 골고루 섞는다.

가나다 순

주재료 순

< 매일 만들어 먹고 싶은 오픈 샌드위치 & 토핑 샐러드 >
아리미 신아림 지음 / 172쪽

카페 메뉴 컨설턴트 아리미의 노하우 담긴
만능 속재료로 샌드위치 & 샐러드 동시 완성

☑ 샌드위치와 샐러드를 동시 완성하는
아리미표 만능 속재료 37가지

☑ 기본 재료인 빵, 채소, 소스 등을 반복 활용해
남는 재료 없이 간편하게 준비할 수 있는 레시피

☑ 달걀, 감자, 두부, 버섯, 닭고기, 치즈 등
구하기 쉽고 가격도 착한 식재료 베이스

☑ 브런치 카페 메뉴 컨설팅 경험 풍부한 저자의
간단하고 멋지게 연출할 수 있는 플레이팅법 소개

> 같은 속재료지만
> 어떤 날은 두툼한 샌드위치로,
> 어떤 날은 가벼운 샐러드로
> 즐길 수 있는 신기한 조합, 레시피도
> 쉽고 간단한 매오샐 추천!
>
> – 온라인 서점 예스24
> j*****3 독자님 –

< 카페보다 더 맛있는 카페 음료 > 오네스트 킴 김민정 지음 / 208쪽

일타 카페 컨설턴트에게 배우는
카페 음료의 모든 것!

- ☑ 150여 개 대박난 카페를 컨설팅한 카페 음료 전문가의
  한끗 다른 맛 비결 공개

- ☑ 시판 사용은 NO! 음료의 맛을 좌우하는
  18가지 과일베이스와 7가지 시럽 레시피 소개

- ☑ 기본 음료부터 특색 있고 트렌디한 인기 음료, 키즈 음료,
  손님 초대용 음료, 한식 음료까지

< 매일 만들어 먹고 싶은 식사샐러드 > 로컬릿 남정석 지음 / 152쪽

채소요리 전문 셰프의 비법 레시피라
더 맛있고 건강하고 든든한 식사샐러드

- ☑ 다채로운 채소 요리로 사랑받는 이탈리안 레스토랑
  '로컬릿' 남정석 셰프의 한끗 다른 샐러드 비법

- ☑ 레시피팩토리 애독자들이 사전 검증해
  믿고 따라 할 수 있는 레시피

- ☑ 두부, 달걀, 육류, 해산물, 통곡물 재료를 더해
  아침, 점심, 저녁 식사로 충분한 식사샐러드

< 매일 만들어 먹고 싶은 탄단지 밸런스 건강볼 > 배정은 지음 / 152쪽

탄.단.지 밸런스 맞추기 좋고
만들기도 먹기도 편한 4가지 건강볼

- ☑ 일상의 건강식은 물론 도시락, 브런치로 활용하기 좋은
  포케볼, 샐러드볼, 요거트볼, 수프볼 55가지

- ☑ 건강 다이어트 요리잡지 <더라이트> 헤드쿡이었던
  저자의 꼼꼼한 영양 분석과 맛 보장 레시피

- ☑ 열량 350~600kcal, 탄단지 비율 약 50 : 25 : 25로
  균형 있게 개발한 간편하고 맛있는 한 끼

매일 만들어 먹고 싶은

식빵 샌드위치

토핑 핫도그

1판 1쇄 펴낸 날	2021년 8월 25일
1판 5쇄 펴낸 날	2024년 5월 2일

편집장	김상애
편집	김민아
디자인	원유경
사진	박형인(Studio tom)
스타일링	송은아(어시스턴트 김에란)
일러스트	조성아
요리 어시스턴트	김동한·박지윤
기획·마케팅	내도우리·엄지혜

편집주간	박성주
펴낸이	조준일

펴낸곳	(주)레시피팩토리
주소	서울특별시 용산구 한강대로 95 래미안용산더센트럴 509호
대표번호	02-534-7011
팩스	02-6969-5100
홈페이지	www.recipefactory.co.kr
애독자 카페	cafe.naver.com/superecipe
출판신고	2009년 1월 28일 제25100-2009-000038호

제작·인쇄	(주)대한프린테크

값 18,800원

ISBN 979-11-85473-89-5

* 인쇄 및 제본에 이상이 있는 책은 구입하신 서점에서 교환해 드립니다.
* 제품 협찬 : 네오플램

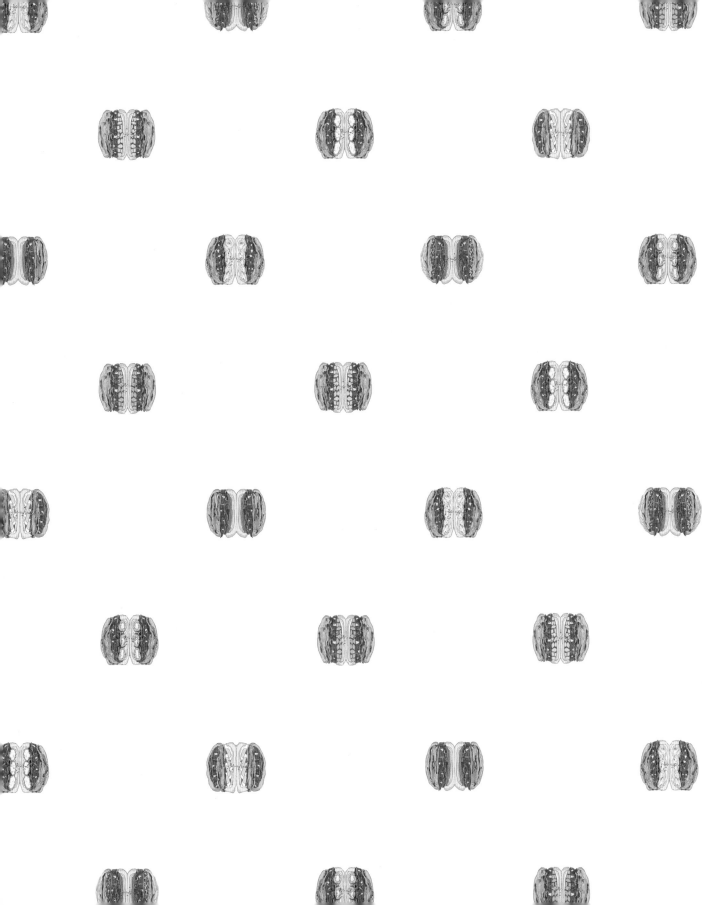